# 家畜环境卫生学
# 实训指导

JIACHU HUANJING WEISHENGXUE
SHIXUN ZHIDAO

杨恕玲　李　虹　编著

中国农业出版社
北　京

# 编 著 者 名 单

杨恕玲（宁夏大学）

李　虹（宁夏回族自治区农业环境保护监测站）

# 前 言

  "家畜环境卫生学"是一门多学科交叉渗透、综合性较强的学科,是动物科学和动物医学两个专业的一门承上启下的专业基础课、必修课。家畜环境卫生学实验是家畜环境卫生学教学工作的重要实践环节,是加深理论理解、加强实践技能的主要方式,是全面实施专业人才培养计划、提高教学质量的主要实践环节,对培养高素质人才起着重要作用。

  家畜环境卫生学实验教学最突出的特点是它的操作性、实验性和应用性较强。通过实验课程的开展,不仅加深对本学科研究对象的认识,更重要的是使学生把握学科体系,逐步掌握和加强各种实验操作技能和测试技术水平,学会本学科发展中较成熟、前沿的,在畜牧生产中应用较为广泛的仪器的基本原理和使用方法,进而使学生在畜牧生产实践中能够对养殖场各种复杂的饲养环境条件做出综合、合理的评判,并结合相关卫生标准对养殖环境进行科学、合理的改进,以进一步优化养殖环境、节约生产成本、提高养殖效益,促进养殖业的健康发展。

  本书包括7个部分31次实训,具体包含畜舍温热环境的测试、畜舍空气卫生状况的监测、畜舍换气量计算、畜牧场水质的监测、畜牧场的规划与设计等。

  学生在做实验之前,必须对实验内容进行预习;在实验中要认真按照规程进行操作,做好详细记录;实验结束后,及时整理和分析数据,按时提交实验报告。

编著者

2024 年 2 月

# 目 录

# 第一部分

# 温热环境因素的测定

【实验目的】认识温热环境因素检测中常用的仪器,掌握相关仪器的结构、原理及测定方法,为家畜的温热环境评价打下基础。

## 实训一　空气温度的测定

### 一、仪器设备

普通温度表、最高温度表、最低温度表、最高最低温度表、自记温度计。

### 二、仪器结构、原理、使用方法和注意事项

#### 1. 普通温度表

可用来测定任一时刻的温度。制作温度表的玻璃是经过热处理和陈化过的,以防止日久玻璃变化变形引起温度表零点移位。

（1）结构　由温度感应部和温度指示部组成。感应部为容纳温度计液体的薄壁玻璃球泡;指示部为一根与球泡相接的密封玻璃细管,其上部充有足够压力的干燥惰性气体,玻璃细管上标有刻度,以管内的液柱高度指示感应部温度。

（2）原理　利用液体的热胀冷缩原理制成。感应部温度增加引起内部液体膨胀,液柱上升,感应部内的液体体积的变化可在细管上反映出液柱的变化。

依感应液不同可分为水银温度表和酒精温度表,其特性见表 1-1-1。

表 1-1-1　水银和酒精的物理特性

| 水银 | 酒精 |
| --- | --- |
| 　具有比热容小、导热快、易提纯、沸点高、蒸汽压力小、不透明易读数等优点;内聚力大与玻璃不发生浸润,所以水银温度表灵敏度和准确度都较好;由于冰点高（−38.9℃）,所以不利于测低温,而又通常制成最高温度表 | 　具有膨胀系数不够稳定、纯度差、易蒸发以及与玻璃发生浸润等缺点;但却具有冰点低（−117.3℃）的特点,所以用来测量低温比较适宜,可用来测量−80℃,通常制成最低温度表;易于着色,常用复红染成红色,便于观察 |

（3）测定方法　垂直或水平放置在测定地点，5～10min 后观察其所示度数，读感应液在毛细管内最高点的示数。

（4）注意事项　读数时，要敏捷、准确；先看小数、后看整数，视线要与水银柱顶端齐平；不要使手或头接近温度表球部，最好保持 33.3cm 的距离，而且不要对着球部呼吸，手不要握球部。

**2. 最高温度表**

用水银制造，测某一段时间内的最高温度（图 1-1-1 左）。

（1）构造　球部、套管、毛细管和标尺。球部与毛细管交接处有一个小针尖形成狭窄部，用来增加阻力和摩擦力。

（2）原理　温度表球部上方出口狭窄，气温升高时水银膨胀，水银的膨胀力大于摩擦力，毛细管内水银柱冲过狭窄部上升；当气温下降时水银收缩，但水银收缩的内聚力不能克服狭窄部的摩擦力，因此毛细管内的水银不能回到球部，仍指示着最高温度。

（3）使用方法　每次使用前先把水银柱甩回球部，然后水平放置在测定地点。测定的某段时间结束后，观察其读数。

（4）注意事项　先放球部，防止水银下滑成断柱现象。

**3. 最低温度表**

用酒精制造，测量某一段时间内的最低温度（图 1-1-1 右）。

（1）构造　球部、套管、毛细管和小哑铃形指标（有色玻璃小球指针）。

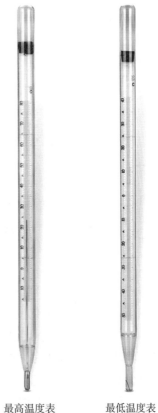

最高温度表　　　最低温度表
-16~81℃　　　-52~41℃
精度0.5　　　　精度0.5

图 1-1-1　最高温度表和最低温度表

（2）原理　当气温升高时，酒精膨胀力小于摩擦力而绕过小指标上升；当气温下降时，当酒精收缩到小指标时，其表面张力能克服摩擦力带动小指标下滑。

（3）使用方法　使用前先倒置，依靠指标本身重力作用使小指标滑到液面；水平放置在测定处，在测定的某段时间结束后，观察其读数。

（4）注意事项　放置时，要先放顶部，后放球部；读数要读小指标远离球部所指的示数；发现有气泡、断柱时，则把球部向下甩，切勿倒置甩，以免小指标沾在末端。

**4. 最高最低温度表**

用来测一段时间内的最高和最低温度（图1-1-2）。

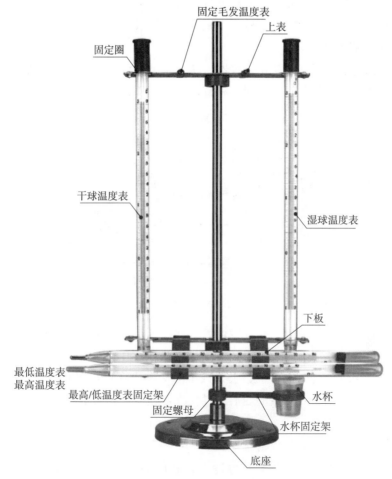

图1-1-2　最高最低温度表

（1）构造　由U形玻璃管构成，U形管底部装有水银，上部装有酒精；左侧管上部及膨大部分都充满酒精；右侧管上部分及膨大部（即安全球）的一半装有酒精，上半部为气体。两侧管水银面上还有一个带色的含铁指针。

（2）原理　左右不对称，当温度升高，左端球部的酒精膨胀压迫水银向右侧上升，同时也推动水银面上的指针上升；反之，当温度下降时，左端球部的酒精收缩，右端球部的气体迫使水银向左侧上升，因此左侧水银面上的指针也上升。两个指针下面都带有细小的弹簧钢针，所以，在水银柱下降时，指针并不下降，因此右侧指针的下端指示出一段时间内的最高温度，左侧指针的下端指示出一段时间内的最低温度。

（3）使用方法  用小磁铁把两个小指针吸到与水银面相接处，垂直或悬挂于测定地点，在某测定时间结束后进行读数。

（4）注意事项  观察完毕后，用磁铁将指针吸至水银面上。

**5. 自记温度计**

能自动记录气温连续变化的仪器，从记录纸上可以获得任何时间的气温情况、极端值及出现的时间，分周记和日记型（图1-1-3）。

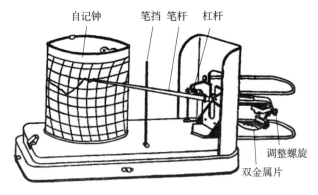

图1-1-3  自记温度计

（1）构造  感应部分、杠杆传递放大部分和自记部分。

感应部分：感温器是一个双金属片，由两片具有不同膨胀系数的金属片焊接组成。当温度变化时，由于膨胀系数不同而发生变形，双金属片一端固定，另一端连接杠杆系统，发生的变形通过杠杆传递放大到自记部分。

自记部分：由自记钟、自记纸、自记笔组成。自记钟内部构造与钟表相同，上发条后，每日或每周自转一圈。

（2）原理  温度变化后，热胀冷缩，感应部分的金属片发生变化，伸长或缩短，此变化通过杠杆带动自记笔上下运动，便在自记纸上画出一条曲线。

（3）使用方法及注意事项  将外罩打开，从记纹鼓上拿出夹纸弹簧，换上新的记录纸，左边压在右边上方（防止阻挡自记笔正常运转，自记钟是顺时针转动），紧贴在记纹鼓上，接头上的横线应对准。添加墨水时，应将笔尖取下，墨水不要装太多，笔尖靠在记纹鼓上不要靠得太紧，以免造成很大的摩擦力，太松则所画曲线出现断续现象（检查方法：将整个温度计向有笔尖的一侧倾斜

30°～40°，笔尖若能离开记纹鼓则适宜）。再检查笔尖在记录纸上的位置是否与当时普通温度表的数值高度一致；否则应调节感应部分上方的螺丝来调整，并用手转动记纹鼓，使笔尖正指在符合安装时间的细线上，再记录时间、日期。然后将外罩盖好，即可自动记录，最好能短时间注视笔尖，等纸上出现一小线条时再离开。

### 三、畜舍内环境指标的测定高度与位置

（1）牛舍 0.5～1.0m，固定于各列牛床的上方；散养舍固定于休息区。

（2）猪舍 0.2～0.5m，装在舍中央猪床的中部。

（3）笼养鸡舍 笼架中央高度，中央通道正中鸡笼的前方。

（4）平养鸡舍 鸡床的上方。

因测试目的不同，可增加畜床、天棚、墙壁表面、门窗处及舍内各分布区等测试点。

家畜环境测试，所测得数据要具有代表性。例如，猪的休息行为时间占80％以上，故而厚垫草养猪时，垫草内的温度才是具有代表性的环境温度值。应该具体问题具体分析，选择适宜的温度测定位点。另外，长时间测定的时候，要考虑测定仪器的铠装或其他防护措施。

## 实训二 空气湿度的测定

### 一、仪器设备

干湿球温度表、通风干湿表、自计湿度计。

### 二、仪器的结构、原理、使用方法和注意事项

#### 1. 干湿球温度表

（1）构造 由两支50℃的温度表组成。在其中一支温度表的球部用湿润的脱脂纱布包裹，纱带下端放入盛有蒸馏水的水槽中，制成湿球；另一端和普通温度计一样，不包纱带，制成干球（图1-2-1）。

（2）原理 由于湿球纱布上的水分蒸发散热，因而湿球上的温度比干球上的温度低，其相差度数与空气中的相对湿度成一定比例。

（3）使用方法 在湿球球部的纱布上加适量的蒸馏水，使其润湿。将其悬挂于测定地点，15～30min后，观察两者的温度。注意：先读干球的温度，后读湿球的温度（一般自带附表，求出相对湿度）。

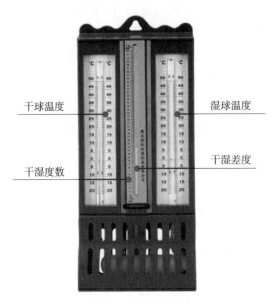

干球温度

湿球温度

干湿度数

干湿差度

图 1-2-1　干湿球温度表

（4）计算

绝对湿度：

$$K = E^{'} - a(t - t^{'})P$$

式中，$K$ 表示绝对湿度（hPa）；$E^{'}$ 表示湿球示度的饱和湿度（hPa）；$a$ 表示湿球系数（因气流而定）；$t$ 表示干球温度（℃）；$t^{'}$ 表示湿球温度（℃）；$P$ 表示观测时的大气压（hPa）。

相对湿度：

$$R = \frac{K}{E} \times 100\,\%$$

式中，$E$ 表示干球示度的饱和湿度（hPa）。

**2. 通风干湿表**

（1）构造　由两支温度表组成，其中一支感应部分制成湿球；上有一个用发条驱动的小风扇；两支温度表外有金属支架，起着保护作用；温度表球部安装在镀镍的双层金属风管内，可避免辐射热和外界气流的影响，可用来测室内外空气湿度（图 1-2-2）。

（2）原理　湿球水分不断向周围空气中蒸发，从而吸收其热量，而降低湿球温度表的温度，与干球温度表形成一个温差。当空气湿度大时，水分蒸发慢，从而降温少，温差就小（即湿度大，温差小）；相反，湿度小，温差大。

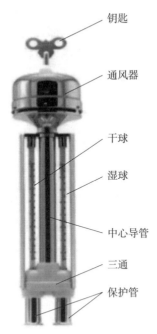

钥匙

通风器

干球

湿球

中心导管

三通

保护管

图 1-2-2 通风干湿表

（3）使用方法 先在左边的温度表的球部包一层脱脂纱布，重叠处不应超过 1/4，纱布的一端应比水银球略高，另一端垂在球部下边，包折上下端，不宜过紧。测定时，用吸管吸取蒸馏水，润湿球部纱布（水分不宜过多）；装上套管，再上紧发条，悬挂于测定处；3～5min 后，等温度表的示数稳定后即可读数；先读干球温度，后读湿球温度。

（4）计算 同使用干湿球温度表测定绝对湿度和相对湿度的方法。

（5）注意事项 防风罩卡在小风扇风吹来的方向，用来阻挡外风，防止外界气流影响。支架固定在墙上用来悬挂。在夏季测量前 15min（冬季测量前 30min）将仪器放在测定地点，使仪器本身与测定温度一致。夏季观察前 4min（冬季观察前 15min）湿润纱布。纱布上结有薄冰时需使它全部融化后计算时间。

（6）通风器作用时间的校正 将纸条抵住风扇，上足发条，抽出纸条，风扇转动，开动秒表，待风扇停止转动后按下秒表，其通风器的全部作用时间不得少于 6min。

通风器发条盒转动的校正：挂好仪器，上弦使之转动，当通风器玻璃孔中发条盒上的标线与孔上红线重合时以纸棒抵住风扇。上满弦，抽掉纸棒，待发条盒转动一周，标线与玻璃孔上红线重合时开动秒表，当标线与红线再重合时停表，其时间即为发条盒第二周转动时间。这一时间不应超过检定证上所列时间 6s。

**3. 自记湿度计**

能连续自动记录空气中的相对湿度。构造与自记温度计类似，所不同的是以毛发来代替自记温度计的感应器。

# 实训三 气流的测定

## 一、舍内外风向的测定

### 1. 舍外风向的测定

舍外风向指风吹来的方向，常以 8 或 16 个方位表示。

测定舍外风向应用风向标。风向标是一种前部如箭头，尾部分叉，装在垂直主轴上而且可以旋转的箭形仪器。当起风时，风压加在分叉的尾部，箭头正指着风吹来的方向。为了表明某地区、一定时间内不同风向的频率，可根据气象台的记录资料绘制"风向玫瑰图"。风向的频率＝某风向在一定时间出现的次数÷各风向在该时间内出现次数的总和×100％。

**2. 舍内风向的测定**

畜舍内气流较小，可用氯化铵烟雾来测定。应用两个口径不等的玻璃皿（杯），其中一个放入液氨，另一个加入浓盐酸，各 20～30mL，将小玻璃皿放入大玻璃皿中，立即可产生氯化铵烟雾而指示出舍内气流的方向。也可用蚊香、舞台烟雾等测定。

## 二、仪器设备

风向仪、卡他温度计、热球式电风速计、手持风速仪、电子微风仪。

## 三、仪器的结构、原理、使用方法和注意事项

**1. 热球式电风速计**

该设备使用方便，灵敏度高，反应速度快，可测 0.05～10.0m/s 的风速。

（1）**构造** 由热球式测量探头和测量仪表组成，测量探头有线形、膜形和球形三种，球形探头装有两个串联的热电偶和加热探头的镍铬丝圈（图 1-3-1）。

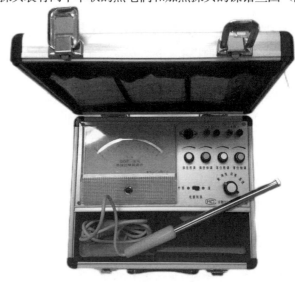

图 1-3-1 热球式电风速计

（2）原理　仪器的探头装有热电偶的热端，直接连接在铜制的支柱上，直接暴露在气流中。热电偶在不同风速时其热端散热量大小不同，因而其温度下降的程度也不同。风速小时其下降的程度小；反之，下降的程度大。下降程度的大小通过热电偶在电表上指示出来。将探头放在气流中即可直接读出气流速度，根据电表读数查校正曲线求得实际风速。

（3）使用方法

①首先观察电表指针是否指于零点，如有偏移，可轻轻调整电表上的机械调零螺丝，使指针回到零点。

②将校正开关置于"断"的位置。

③插上测杆，测杆要垂直放置，将测杆塞压紧使探头密封，将校正开关置于"满度"的位置，慢慢调整"满度"调节旋钮，使指针指在满度的位置。

④将校正开关置于"零"的位置，调节"粗调"和"细调"两个旋钮，使指针指在零的位置。

⑤轻轻拉动测杆塞使测杆探头露出，测杆拉出的长短可根据需要而定，将探头上的红点对着风吹来的方向，此时，即可根据电表指针的读数查阅校正曲线，求得被测风速。

⑥每测量 5～10min 后，需要重复②～④步骤进行校正工作。

⑦测定完毕时压紧测杆塞，将校正开关置于"断"的位置以免耗费电池，拔下探头整理好。

（4）注意事项

①使用时防灰尘、防腐蚀、防碰撞。

②平时不用时应将电池取出。

③仪表和测杆如有损坏，修复后必须重新校正。

④适用于等温气流或温度梯度较小，没有辐射热影响的环境，因为热辐射及表面温度变化时会影响精确度。

⑤仪器内装有四节电池，分成两组，一组是三节，另一组为单节；在调整"满度"调节旋钮时，如果指针不能达到"满度"，说明单节电池已耗尽；在调整"粗调""细调"旋钮时，如果电表指针不能回到零位，说明三节串联电池已耗尽，应予更换。

**2. 风向风速仪**

（1）结构　由感应部分（传感器）和仪表部分（控制显示器）组成（图 1-3-2）。

（2）原理　三个小杯在风作用下发生旋转。由于小风杯的转速与风速成线

图 1-3-2　风向风速仪

1. 液晶显示屏　2. 功能键　3. 锁存键　4. 风杯
5. 风杯保护网　6. 风向指针　7. 风向转接处
（带螺母）　8. 风向锁定旋钮　9. 风向罗盘
10. 风向标　11. 电池仓

性关系，故通过主机电路对风速感应器产生的脉冲进行处理和计算显示，实现测量风速的目的。

（3）使用方法

①按下"电源键"和"自校键"，当显示值为 25.6m/s 时，说明电池安装正确且电量充足。

②装上风速传感器，并注意接触可靠。

③再按一下"自校键"（此时处于高位），即处于检测状态。

④按下"瞬时平均风速键"，键处于低位，即仪器处于测量 10s 平均风速状态，此时每间隔 10s 将显示值更新一次，显示的风速值即为 10s 的风速平均值，其小数点在右边第三位；当再按一下此键时，键恢复高位，即仪器处于测量 1s 瞬时风速状态，此时每间隔 1s 将

显示值更新一次，其小数点在右边第二位。

⑤按下"释放记忆键"，则将测到的风速值锁住不动，显示值一直不更新；当此键恢复高位，则仪器恢复显示值自动更新状态。

**3. 数显热球风速计/仪**

（1）结构　由风速探头（上面有热敏感部件）和测量仪表组成（图 1-3-3）。

（2）原理　当把风速探头端部的热敏感部件暴露于空气中时，热交换将引起热电偶热电势变化，并与基准反电势比较后产生微弱差值信号，此信号被测量指示仪表系统放大并推动电表，由指示值可读出被测风速大小。

（3）使用方法

①将仪表水平放好，使直键开关处于原位（高位）。

图 1-3-3　数显热球风速计

②调节电表机械零点，使表指针指于零位。

③将探头测杆垂直向上放置，使其热敏感部件全部塞入测杆管内，并将风速探头插入"探头"插座。

④按下"电源"直键开关（左起第一），调节"放大器调零"电位器，使指针指于零点。

⑤按下"1m/s"直键开关（左起第二），调节"零点调节"电位器，使指针指于零点。

⑥预热 10min，并重复上述步骤方可进行测量。

⑦低风速段（0.05～1m/s）：经预热、校准后，可将风速探头测杆端部热敏感部件拉出，使其暴露于被测气流中，注意使测杆垂直，并使其有顶丝一面对准气流吹来方向，即可由电表指示值读取风速。

⑧高风速段（1～30m/s 或 1～10m/s）：风速超过 1m/s，按下"30m/s"和"10m/s"直键开关（左起第三）即可读数（此时按键全部处于按下状态）。

（4）注意事项　使用完毕应将直键开关所有键从左至右依次复位。风速探头热敏感部件拉出测杆部分全部按入测杆管内，并拔下插头放入仪器盒原位置。

# 实训四　气压的测定

## 一、仪器设备

空盒气压表、动槽式水银气压表、定槽式水银气压表、手持式气象仪。

## 二、仪器的结构、原理、使用方法和注意事项

### 1. 空盒气压表

它是一个具有波纹面的密闭薄金属盒，盒内盛有稀薄空气（近似于真空），根据空盒随着气压高低的变化而压缩或膨胀的特性测量大气压强，由感应、传递和指示三部分组成(图 1-4-1)。当大气压力增加时，盒面凹陷；大气压力降低时，盒面得到恢复或膨胀。这种变化借杠杆作用传递到指针上，指针周围标有刻度，指针所指刻度就是当时的大气压数值。使用时，先用手轻弹仪表玻璃面，以克服金属传递的抵抗力。因该仪表金属盒的弹性随使用时间延长会稍有改变，可用水银气压表校正。应用空盒气压表同其他自记仪表一样，也可制成自记气压计。

### 2. 动槽式水银气压计

（1）原理　水银气压计是一个上端封闭、下端开口的真空玻璃管，其下端浸在盛有水银的槽中，水银槽上部有一象牙针（图 1-4-2）。大气压力作用于水

图 1-4-1 空盒气压表

图 1-4-2 动槽式水银气压计
1. 铜保护套 2. 玻璃圈 3. 水银柱
4. 通风螺钉 5. 象牙针 6. 调节螺旋
7. 游标尺 8. 温度表

银槽中的水银面上，使水银升入真空玻璃管中，水银柱就能随大气压的高低而上升或下降。水银柱的高低可借玻璃管外面的一个金属套管上的标尺及游标尺读出数值，测量单位为 mmHg*。水银气压表装置在室内，垂直挂在坚固的架子上或墙上，高低位置以适于观察者站立时观察为准。光线应充足而无阳光直射。

（2）结构

①附属温度表 测玻璃管内水银柱和外管的温度。

②感应部分 包括具有一定内径的玻璃管和与玻璃管内径成一定比例的水银槽。

③通风螺钉 用来调节灌入玻璃管和水银槽内经过补充清洗的水银。

④读数部分 外管、游尺、游尺调节螺旋。

⑤保护部分 外管和玻璃套管、象牙针。

（3）使用方法

①调零 转动水银槽底部的螺旋，使水银面与指示刻度零点的象牙针尖端接触，再微微下调达到刚刚接触，即校正零点。

②转动游尺调节螺旋，使游尺的基面与水银柱的突面刚好相接。

---

*：毫米汞柱（mmHg）为非法定计量单位。1mmHg＝133Pa。——编者注

③读数　读出靠近游尺基线以下的整数部分，如"985"；再从游尺上找出与标尺上相吻合的刻度的数值，如"5"；则所测的气压为 985.5mmHg。

④观测完后，转动水银槽底部调节螺旋，使象牙针尖离开水银面 2～3cm。

**3. 手持气象仪**

手持气象仪是一种携带方便、操作简单，集多项气象要素于一体的可移动式气象观测仪器（图 1-4-3）。系统采用精密传感器及智能芯片，能同时对风向、风速、大气压、温度、湿度五项气象要素进行准确测量。内置大容量 FLASH 存储芯片可存储至少一年的气象数据；通用 USB 通信接口，使用配套的 USB 线缆即可将数据下载到电脑，方便用户对气象数据的进一步处理分析。

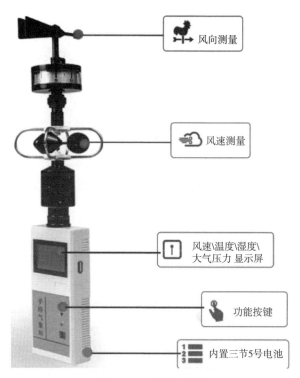

图 1-4-3　手持气象仪

主要是由气象传感器、气象数据采集器和气象软件三部分组成。采用一体化设计，内置 GPS 模块、GPRS 模块，外置 SD 卡，能准确测量出被测地点的地理信息，界面除显示所测环境参数、存储数据外，还可显示测点的经纬度。通过内置的 GPRS 一键上传被测点的环境因子测量数据等。同时，还可以通过外置 SD 卡直接把数据导出到电脑上。手持气象仪体积小巧、美观，操作简单方便，性能可靠，野外携带极为方便。主机连接传感器后可以手动存储记录，也可通过主机任意设置采样间隔自动存储记录数据。数据通过中心站软件统一收集、处理、分析，随时可以通过 USB 接口将记录中的数据导出到计算机上，并可以存储为 EXCEL 表格文件，生成数据曲线。广泛应用于农业、林业、环保、水利、气象、旱作节水灌溉、地质勘探、植物培育等领域。

（1）数据采集　开机后按任意键进入操作主界面。将使用的传感器插入仪器上方的传感器接口（多路传感器同时使用时，需要外接扩展盒子）。在主界面中，通过操作"上、下、左、右"方向键选择"数据采集"项，按"确定"键进入数据采集界面。数据采集界面显示当前采集的数据，如果数据有多页，可以通过"上下"键进行翻页操作。检测数值实时显示，按"左右"键选择返回和存储（返回直接返回主界面）。

（2）数据存储　在数据采集界面，按"左右"键选择存储。数据存储由 26 个英文字母、10 个阿拉伯数字和"."" —"" * "组成，可根据实际需求按"上、下、左、右"键使用英文字母与数字进行编辑存储名称，方便分清存储数据。存储成功后，自动返回到数据采集界面。

# 实训五　风向玫瑰图的绘制

掌握风向玫瑰图绘制原理，并能根据数据采用两种方式绘制风向玫瑰图。

## 一、风向玫瑰图

风向玫瑰图简称风玫瑰图，也叫风向频率玫瑰图，它是根据某一地区多年平均统计的各个风向和风速的百分数值，并按一定比例绘制，一般多用 8 个或 16 个罗盘方位表示，由于形状酷似玫瑰花朵而得名。

玫瑰图上所表示风的吹向，是指从外部吹向地区中心的方向；各方向上按统计数值画出的线段，表示此方向风频率的大小，线段越长表示该风向出现的次数越多。将各个方向上表示风频的线段按风速数值百分比绘制成不同颜色的分线段，即表示出各风向的平均风速，此类统计图称为风频风速玫瑰图。

## 二、绘制方法

### 1. 手工绘制方法

（1）先计算出各方向的风向频率。

$$某风向频率 = \frac{某风向在一定时间内出现的次数}{各风向在该时间内出现次数的总和（包括无风方向）} \times 100\%$$

（2）画出 8 个或 16 个方位线。

（3）按一定比例取点，然后相邻两点用直线连接起来。

（4）以各方位线交叉点为圆心，以无风的风向频率为半径画一个圆。

**2. 利用 EXCEL 制作风玫瑰图**

（1）源数据　见表 1-5-1。

（2）制作流程

①插入图表，点击下图中的红色椭圆部分，然后单击"下一步"（图 1-5-1）。

图 1-5-1　制作流程一

②如图 1-5-2，系列产生在"行"，数据区域见下图的红色矩形方框，然后单击"系列"。

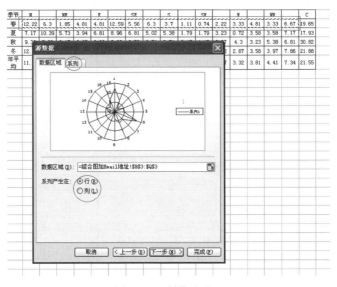

图 1-5-2　制作流程二

表 1-5-1 某地区某年度的气象资料

| 季节 | N | NNE | NE | NEE | E | ESE | SE | SES | S | SSW | SW | SWW | W | WNW | NW | NWN | C |
|---|---|---|---|---|---|---|---|---|---|---|---|---|---|---|---|---|---|
| 春 | 12.22 | 6.3 | 1.85 | 4.81 | 4.81 | 12.59 | 5.56 | 6.3 | 3.7 | 1.11 | 0.74 | 2.22 | 3.33 | 4.81 | 3.33 | 6.67 | 19.65 |
| 夏 | 7.17 | 10.39 | 5.73 | 3.94 | 6.81 | 8.96 | 6.81 | 5.02 | 5.38 | 1.79 | 1.79 | 3.23 | 0.72 | 3.58 | 3.58 | 7.17 | 17.93 |
| 秋 | 9.32 | 7.89 | 2.15 | 2.87 | 6.09 | 6.09 | 3.58 | 2.51 | 2.51 | 2.15 | 1.43 | 2.87 | 4.3 | 3.23 | 5.38 | 6.81 | 30.82 |
| 冬 | 12.54 | 10.39 | 1.79 | 3.94 | 7.53 | 8.24 | 6.09 | 5.73 | 1.43 | 0.72 | 0.72 | 0.72 | 2.87 | 3.58 | 3.97 | 7.86 | 21.88 |
| 年平均 | 11.05 | 8.61 | 3.87 | 3.56 | 6.3 | 7.79 | 5.57 | 4.6 | 2.71 | 1.43 | 1.61 | 2.47 | 3.32 | 3.81 | 4.41 | 7.34 | 21.55 |

③如图 1-5-3，X 轴数据区域产生在下图中的红色矩形方框，然后单击"下一步"。

| 季节 | N | | NE | | E | | SE | | S | | SW | | W | | NW | | C |
|---|---|---|---|---|---|---|---|---|---|---|---|---|---|---|---|---|---|
| 春 | 12.22 | 6.3 | 1.85 | 4.81 | 4.81 | 12.59 | 5.58 | 8.3 | 3.7 | 1.11 | 0.74 | 2.22 | 3.33 | 4.81 | 3.33 | 6.67 | 19.65 |
| 夏 | 7.17 | 10.39 | 5.73 | 3.94 | 6.81 | 8.96 | 6.81 | 5.02 | 5.38 | 1.79 | 0.72 | 3.23 | 0.72 | 3.58 | 7.17 | 17.93 |
| 秋 | 9.32 | 7.89 | 2.15 | 2.87 | 6.09 | 6.09 | 3.58 | 2.51 | 2.51 | 2.15 | 1.43 | 2.87 | 4.3 | 3.23 | 5.38 | 6.81 | 30.82 |
| 冬 | 12.54 | 10.39 | 1.79 | 3.94 | 7.53 | 8.24 | 6.09 | 5.73 | 1.43 | 0.72 | 0.72 | 0.72 | 2.87 | 3.58 | 3.97 | 7.86 | 21.88 |
| 年平均 | 11.05 | 8.61 | | | | | | | | | | | 3.81 | 4.41 | 7.34 | 21.55 |

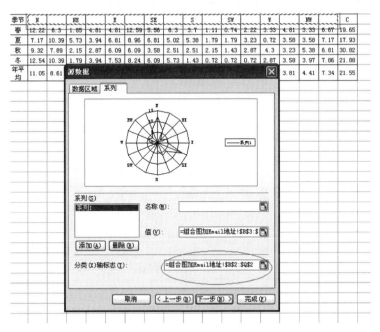

图 1-5-3　制作流程三

④如图 1-5-4，可以修改标题、坐标轴、网格线等，然后单击"完成"。

| 10.39 | 5.73 | 3.94 | 6.81 | 8.96 | 6.81 | 5.02 | 5.38 | 1.79 | 1.79 | 3.23 | 0.72 | 3.58 | 3.58 | 7.17 |
|---|---|---|---|---|---|---|---|---|---|---|---|---|---|---|
| 7.89 | 2.15 | 2.87 | 6.09 | 6.09 | 3.58 | 2.51 | 2.51 | 2.15 | 1.43 | 2.87 | 4.3 | 3.23 | 5.38 | 6.81 |
| 10.39 | 1.79 | 3.94 | 7.53 | 8.24 | 6.09 | 5.73 | 1.43 | 0.72 | 0.72 | 0.72 | 2.87 | 3.58 | 3.97 | 7.86 |
| 8.61 | | | | | | | | | | | | | | 7.34 |

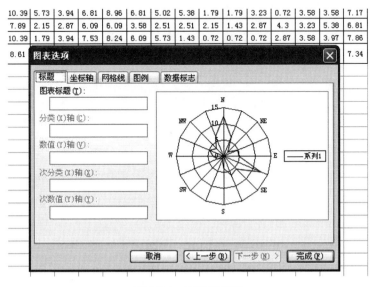

图 1-5-4　制作流程四

⑤完成图见图1-5-5。

| 季节 | N | | NE | | E | | SE | | S | | SW | | W | | NW | | C |
|---|---|---|---|---|---|---|---|---|---|---|---|---|---|---|---|---|---|
| 春 | 12.22 | 6.3 | 1.85 | 4.81 | 4.81 | 12.59 | 5.56 | 6.3 | 3.7 | 1.11 | 0.74 | 2.22 | 3.33 | 4.81 | 3.33 | 6.67 | 19.65 |
| 夏 | 7.17 | 10.39 | 5.73 | 3.94 | 6.81 | 8.96 | 6.81 | 5.02 | 5.38 | 1.79 | 1.79 | 3.23 | 0.72 | 3.58 | 3.58 | 7.17 | 17.93 |
| 秋 | 9.32 | 7.89 | 2.15 | 2.87 | 6.09 | 6.09 | 3.58 | 2.51 | 2.51 | 2.15 | 1.43 | 2.87 | 4.3 | 3.23 | 5.38 | 6.81 | 30.82 |
| 冬 | 12.54 | 10.39 | 1.79 | 3.94 | 7.53 | 8.24 | 6.09 | 5.73 | 1.43 | 0.72 | 0.72 | 0.72 | 2.87 | 3.58 | 3.97 | 7.86 | 21.88 |
| 年平均 | 11.05 | 8.61 | 3.87 | 3.56 | 6.3 | 7.79 | 5.57 | 4.6 | 2.71 | 1.43 | 1.61 | 2.47 | 3.32 | 3.81 | 4.41 | 7.34 | 21.55 |

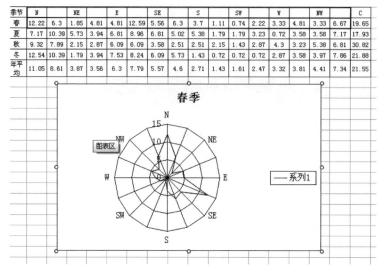

图1-5-5 制作流程五

# 第二部分

# 辐射热、照度、采光系数
# 及噪声的测定

## 实训一 辐射热的测定

### 一、仪器

图 2-1-1 辐射热计

辐射热计是一种新型的热辐射测试仪器（图 2-1-1）。除了可以直接测出辐射热温度、空气温度和皮肤温度之外，还可以间接测出定向平均辐射温度，又可以近似代替黑球温度计来测量环境的平均辐射温度，避免了同时测量风速和气温的麻烦，并且更为快捷。

### 二、使用方法

（1）空气温度测量　将选择开关置于"空气温度"挡，打开电源开关，手持测温杆来回晃动，约 5min 后，即可由仪表直接读出空气温度值。测量空气温度时，不要用手握住测温杆的金属部分，以保证测试的准确性，此外，还要注意测量范围，以免损坏测量传感器。

（2）辐射热强度测量　将选择开关置于"辐射热"挡，打开辐射测头保护盖，并将测头对准被测方向，即可直接读出工作地点所受到的单向辐射热强度。

（3）定向辐射温度的测量　首先在"辐射热"挡读出辐射强度 $E$ 值，并记下读数；然后将选择开关置于"测头温度"挡，记下此时的测头温度

$T_S$ 值。

## 三、计算

利用下式可计算平均辐射温度 $T_{DMRT}$ 值。

$$T_{DMRT} = \left(\frac{E}{\sigma} + T_S^4\right)^{\frac{1}{4}} T$$

式中，$\sigma$ 为斯蒂芬玻尔兹曼常数，$5.67 \times 10^{-8} \text{W/m}^2$。

# 实训二　照度的测定

照度计或称勒克斯计，是一种专门测量照度的仪器仪表（图 2-2-1），用来测量物体被照明的程度，也即物体表面所得到的光通量与被照面积之比。

（1）结构　照度计通常是由硒光电池或硅光电池配合滤光片和微安表组成。

（2）原理　光电池是把光能直接转换成电能的光电元件。当光线射到硒光电池表面时，入射光透过金属薄膜到达半导体硒层和金属薄膜的分界面上，在界面上产生光电效应。产生的光生电流的大小与光电池受光表面上的照度有一定的比例关系。这时如果接上外电路，就会有电流通过，电流值从以勒克斯（lx）为刻度的微安表上指示出来。光电流的大小取决于入射光的强弱。

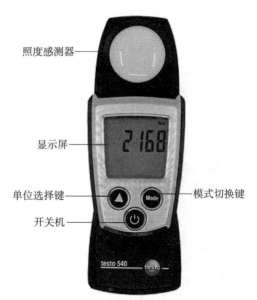

照度感测器

显示屏

单位选择键

模式切换键

开关机

图 2-2-1　照度计

（3）使用方法

①打开电源。

②打开光检测器盖子，并将光检测器水平放在测量位置。

③选择适合测量挡位，如果显示屏左端只显示"1"，表示照度过量，需要按下量程键调整测量倍数。

④照度计开始工作，并在显示屏上显示照度值。

⑤显示屏上显示数据不断地变动，当显示数据比较稳定时，按下"HOLD"键锁定数据。

⑥读取并记录读数器中显示的观测值，观测值等于读数器中显示数字与量程值的乘积，如屏幕上显示 500、右下角显示状态为"×2 000"，照度测量值为 1 000 000lx。

⑦再按一下锁定开关，取消读值锁定功能。

⑧每一次观测时，连续读数三次并记录。

（4）注意事项　测定时周围要求不要有人或物挡光；避开热辐射影响；因光电池具有惯性，在测量之前应将光电池适当曝光一段时间；每一次测量工作完成后，按下电源开关键，切断电源。

# 实训三　采光系数的测定

## 一、采光系数的测定

采光系数是指窗户有效采光面积和舍内地面有效面积之比（表示为 1∶X）。即以窗户所镶玻璃面积为 1，求得其比值。

### （一）测定方法

**1. 准确测量**

（1）用皮尺准确逐一测量建筑物内每块玻璃的长 $a$ 和宽 $b$（双层窗户只测量一层，不要把窗框计算在内），计算窗户有效采光面积 $S'$。

（2）测量畜舍内地面有效面积 $S$：测量地面的长 $A$ 和宽 $B$，包括除粪道及喂饲道的面积以及物品所占面积。

**2. 粗略测量**

用皮尺测量窗户的长宽（包括窗框在内），计算窗户面积 $S''$。

### （二）结果计算

**1. 准确计算**

$$K = S'/S \text{ 或 } K = \frac{\sum_{i=1}^{n} a_i \cdot b_i}{A \cdot B}$$

式中，$K$ 为采光系数；$S'$ 为窗户有效采光面积（$m^2$）；$S$ 为所测建筑物地面面积（$m^2$）；$a_i$ 为第 $i$ 块玻璃的长（m）；$b_i$ 为第 $i$ 块玻璃的宽（m）；$A$ 为室内地面长（m）；$B$ 为室内地面宽（m）；$n$ 为室内玻璃总数（块）；$i$ 取 1、2、3、4、…、$n$。

**2. 粗略测量**

利用已知的窗户的遮挡系数 $\tau$ 进行粗略计算。单层金属窗户遮挡系数为 0.80，双层金属窗户遮挡系数为 0.65，单层木窗遮挡系数为 0.70，双层木窗遮挡系数为 0.50。

$$K = \tau \cdot S'' / S \text{ 或 } K = \frac{0.8 \sum_{i=1}^{n} a_i \cdot b_i}{A \cdot B}$$

式中，$K$ 为采光系数；$S''$ 为窗户面积（$m^2$）；$S$ 为所测建筑物地面面积（$m^2$）；$\tau$ 为窗户的遮挡系数；0.8 为单层金属玻璃面积与窗面积的比值（不同窗户类型数值不同）；$a_i$ 为第 $i$ 块窗户的长（m）；$b_i$ 为第 $i$ 块窗户的宽（m）；$A$ 为室内地面长（m）；$B$ 为室内地面宽（m）；$n$ 为室内玻璃总数（块）；$i$ 取 1、2、3、4、…、$n$。

**（三）注意事项**

窗户面积越大采光越好，但不利于保温，为考虑防寒作用，所以不同畜舍的采光系数不同。

# 二、入射角和透光角的测定

采光系数是衡量采光性能的一个主要指标，但只能说明采光面积而不能说明窗户的高低和采光程度。因为窗户的形状对采光也有影响，当窗户高时采光更好，所以要进一步测定入射角和透光角。

## （一）入射角的测定

入射角指窗户上缘与畜舍地面中央一点的连线和地平线形成的夹角 $\angle ABC$，通常用 $\alpha$ 表示（图 2-3-1）。

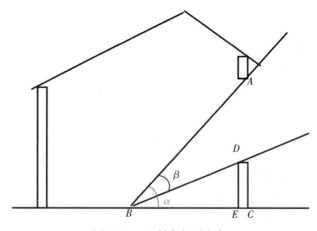

图 2-3-1　入射角与透光角

**1. 测定步骤**

（1）先测量 $AC$ 长度和 $BC$ 长度，$BC$ 长度为畜舍宽的一半。

（2）根据 $\tan\angle ABC=AC/BC$，算出 $AC/BC$ 的数值。

（3）在附录三中查出 $\angle ABC$ 的角度。

**2. 注意事项**

为了保证畜舍采光性能好，一般入射角 $\alpha\geqslant 25°$。但是入射角只能说明窗户的上缘高度，所以要进一步测定透光角。

**（二）透光角的测定**

透光角指窗户上缘、下缘分别与畜舍地面中央一点连线所形成的夹角 $\angle ABD$，通常用 $\beta$ 表示（图 2-3-1）。

**1. 测定步骤**

（1）先按上述方法求出 $\angle DBC$。

（2）然后用 $\angle ABC$ 减去 $\angle DBC$，求得透光角 $\angle ABD$，即 $\beta$。

**2. 注意事项**

为了保证畜舍采光性能满足防寒要求，一般透光角 $\beta\geqslant 5°$、$\alpha-\beta\leqslant 20°$。

# 实训四 噪声的测定

（1）测量设备 声级计（图 2-4-1）。

（2）结构 由传声器、前置放大器和主机组成。

（3）原理 声音就是物体的振动，在弹性介质中以疏密波的形式进行传播。

（4）使用方法

①在畜舍中央取一点为监测点。传声器可以手持，也可以固定在三脚架上，使传声器指向被测声源，为了尽可能减少反射影响，要求传声器离地面高 1.2m，与操作者距离 0.5m 左右，距墙面和其他主要反射面不小于 1m。

②将电源与频率计权开关推至中间位置"C"，声级计电源开关打开，然后开始显示瞬时 C 声级；把电源与频率计权开关推至最上面"A"位置，则显示 A 声级。开机预热 1min 后，可开始读数。

图 2-4-1 声级计

③量程的选择：量程开关一般置于"中"挡，如果声级过高，过载指示灯闪亮，则将量程开关置于"高"挡；如果声级过低，LCD 中间出现"："，则

应将量程开关置于"低"挡。

④时间计权的选择：一般测量采用"F"（快），如果读数变化较大，可采用"S"（慢）时间计权。

⑤最大声级的测量：按一下声级计右侧按钮，LCD 左边出现"＋"号，声级计处于最大值保持测量状态。这时，只有当更大声级到来时，该读数才会改变（升高），否则将予保持。再按一下该按钮，"＋"消失，声级计又回到测量瞬时声级状态。

（5）注意事项　声级计所用的传声器是一种精密传感器，请勿碰撞、跌落，以免膜片破损。每次使用前，应先预热 1min；湿度较大和测量低声级，预热更长时间。

# 第三部分

# 畜舍空气卫生状况的测定

【实验目标】掌握畜舍换气的标记性指标二氧化碳及畜舍内有害气体氨气和硫化气体的测定原理及方法，为畜舍的换气量和空气卫生环境评定提供科学依据。

气体的采样中都会用到大气采样器。大气采样器是采集大气污染物或受到污染的大气的仪器或装置（图 3-0-1）。大气采样器只是采样仪器的一个部分，还有个体采样器、粉尘采样器、尘毒采样器、防爆采样器等。

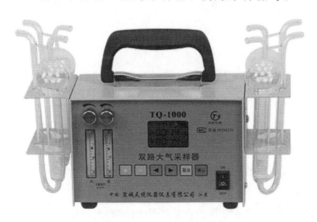

图 3-0-1　大气采样器

大气采样器种类很多。按采集对象可分为气体（包括蒸气）采样器和颗粒物采样器两种；按使用场所可分为环境采样器、室内采样器（如工厂车间内使用的采样器）和污染源采样器（如烟囱采样器）。此外，还有特殊用途的大气采样器，如同时采集气体和颗粒物的采样器，可采集大气中二氧化硫和颗粒物或氟化氢和颗粒物等，便于研究气态和固态物质中硫或氟的相互关系。还有采集空气中细菌的采样器。

气体采样器一般由收集器、流量计和抽气动力系统三部分组成。大气采样器也是不断推出新品，如智能型大气采样器、防爆大气采样器、双气路大气采样器等产品。

**1. 原理**

采样器将抽气泵控制在恒转速，调节转子流量调节旋钮可以得到需要的采样流量，根据采样器采样时间可以计算累计采样体积。

**2. 构造**

主要由液体或固体吸收管、流量计和采气装置组成。

（1）液体吸收管　吸收管分为气泡吸收管、多孔玻板吸收管和冲击式吸收管等（图 3-0-2）。

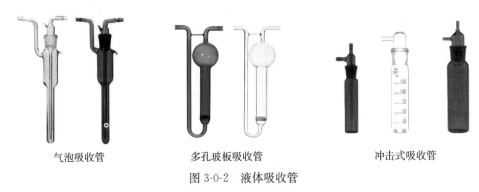

气泡吸收管　　　　　　多孔玻板吸收管　　　　　　冲击式吸收管

图 3-0-2　液体吸收管

（2）流量计　常用的气体流量计为转子流量计，当气体由下向上流动时，转子被吸起，用转子升高的位置标示气体的流量。

（3）流量计的校正　常用皂膜流量计校正转子流量计，用皂膜通过一定容积玻管的时间计算流量。

（4）采样体积　求流量和采样时间之积，再换算成标准状态下的体积。

**3. 操作步骤**

（1）连接采气瓶（把采气瓶放在采样瓶钢丝架上，膨大一端与采样器相连）。

（2）开机→设定采样时间→调整流速→停止。

（3）取下采样器，进行操作。

# 实训一　空气中氨气的测定

## 一、原理

纳氏试剂法（GB/T 14668）：空气中的氨被吸收在稀 $H_2SO_4$ 中，与纳氏试剂发生反应，形成黄色的络合物，根据其颜色的深浅，进行比色定量，此法灵敏度可达 $2\mu g/mL$；采用分光光度计进行测定。

## 二、仪器、设备和材料

### 1. 仪器设备

采气瓶、移液管、碱式滴定管、滴定台、大气采样器、气压表、普通温度计。

### 2. 试剂（均为分析纯，水为无氨蒸馏水）

（1）0.1N（0.005mol/L）$H_2SO_4$ 溶液　取 2.78mL 浓硫酸加入水中，并稀释至 1L，即得 0.005mol/L 的 $H_2SO_4$。

本实验采用的氨气吸收液为 0.01N $H_2SO_4$，将 0.1N $H_2SO_4$ 吸收液稀释10 倍即可。

（2）纳氏试剂

a 液：17g $HgCl_2$ 用蒸馏水溶解，定容至 300mL。

b 液：35g KI 用蒸馏水溶解，定容至 100mL。

将 a 液缓慢加入 b 液中，直至形成的红色沉淀不再溶解；再加入 600mL 20% NaOH 溶液及剩余的 a 液，静置 1~2d，将上清液用漏斗过滤后封于棕色瓶中（用橡皮塞塞紧），保存备用。此试剂几乎无色。

注意：纳氏试剂毒性较大，取用时必须十分小心，接触皮肤时，应立即用水冲洗。含纳氏试剂的废液，必须集中处理。

（3）酒石酸钾钠溶液（500g/L）　称取 50g 酒石酸钾钠溶于 100mL 水中，煮沸，使体积约减少 20mL 为止，冷却后，再用水定容至 100mL。

（4）氨标准溶液

a 标准贮备液：0.312 4g $NH_4Cl$（105℃干燥 1h），定容至 100mL 容量瓶中，此时 1mL $NH_4Cl$ 溶液含有 1mg 氨。

b 标准工作液：临用前将标准贮备液稀释 500 倍，即 1mL 中含有 $2\mu g$ 氨。

（5）无氨蒸馏水　每升普通蒸馏水中加入少量高锰酸钾至浅紫红色，再加少量氢氧化钠至碱性，蒸馏，取其中间蒸馏部分的水，加少量硫酸溶液呈微酸性，再蒸馏一次。实验中也可采用超纯水。

## 三、操作步骤

（1）氨气的采集

①以 0.01N $H_2SO_4$ 液作为吸收液，用大气采样器采集舍内空气中的 $NH_3$。

②移取 10mL 吸收液于多孔玻板吸收管中，与大气采样器连接好。

③启动开关，迅速调整转子流量计至 0.5L/min 刻度处。

④采样 20min，可采集 10 升空气中的 $NH_3$。

（2）准备标准系列管　取 10mL 具塞比色管 8 支，按照表 3-1-1 制备标准系列管。

表 3-1-1　氨标准系列

| 项目 | 0 | 1 | 2 | 3 | 4 | 5 | 6 | 7（样品） |
|------|-----|-----|-----|-----|-----|------|------|------|
| 标准液（mL） | 0.0 | 1.0 | 2.0 | 4.0 | 6.0 | 8.0 | 10.0 | 0 |
| 吸收液（mL） | 10.0 | 9.0 | 8.0 | 6.0 | 4.0 | 2.0 | 0.0 | 18 |
| 氨含量（$\mu g$） | 0 | 2 | 4 | 6 | 12 | 16 | 20 | ? |

（3）待测样品处理　采样后，将样品液全部移入比色管中，取少量原液冲洗吸收管，并合并到比色管中，总体积仍为 10mL。

（4）显色　在各管中加入 0.1mL 酒石酸钾钠溶液，再加入 0.5mL 纳氏试剂，混匀，室温下放置 10min。

（5）测定吸光度　用 1cm 比色皿，于波长 425nm 处，以 10mL 未采样的空白吸收液作参比，测定吸光度。

注意：如果样品溶液吸光度超过标准曲线范围，则可用空白试剂稀释样品显色液后再分析。计算浓度时，要考虑样品溶液的稀释倍数。

（6）绘制标准曲线　以氨含量（$\mu g$）作横坐标，吸光度为纵坐标，绘制标准曲线，并用最小二乘法计算标准曲线的斜率、截距及回归方程。

$$Y = bX + a$$

式中，$Y$ 为标准溶液的吸光度；$X$ 为氨含量，$\mu g$；$a$ 为回归方程式的截距；$b$ 为回归方程的斜率，吸光度/$\mu g$。标准曲线斜率 $b$ 应为（$0.014 \pm 0.002$）吸光度/$\mu g$，以斜率的倒数作为样品测定时的计算因子（$B_s$）。

## 四、结果计算

（1）体积计算　将采样体积换算成标准状态下的体积 $V_0$。

$$V_0 = V_t \cdot \frac{273}{273 + T} \cdot \frac{P}{1\ 013}$$

式中，$V_t$ 为实际采样体积，等于采样时间×采样流量，L；$P$ 为实际大气压，hPa；$T$ 为实际温度，℃。

（2）空气中氨浓度计算：

$$C = (A - A_0)B_s/V_0$$

式中，$C$ 为空气中氨浓度，$mg/m^3$；$A$ 为样品溶液的吸光度；$A_0$ 为空白溶液的吸光度；$B_s$ 为计算因子，$\mu g$/吸光度；$V_0$ 为标准状态下的采样体积，L。

# 实训二 空气中 $H_2S$ 的测定

## 一、原理

$AgNO_3$试剂法：$H_2S + 2 AgNO_3 \rightarrow Ag_2S$（黄褐色胶体溶液）$+ 2 HNO_3$；根据其颜色的深浅比色定量。

## 二、仪器、设备和材料

### 1. 仪器设备

采气瓶、碱式滴定管、大气采样器、气压表、普通温度计。

### 2. 试剂（均用无氨蒸馏水配置）

（1）$H_2S$ 吸收液 2g $NaAsO_2$（亚砷酸钠）溶于 100mL 5%（$NH_4$）$_2CO_3$中，加水至 1 000mL。

（2）1%淀粉溶液 1g 可溶性淀粉溶于 25mL 冷水中，震荡摇匀，将其倒入 75mL 加热至 50～60℃热水中，不断搅拌下继续加热至沸腾，煮沸 1min，冷却后备用。

（3）1% $AgNO_3$溶液 1g $AgNO_3$溶解在 90mL 水中，加入 10mL 浓硫酸，静置，若出现沉淀则需过滤。

（4）硫代硫酸钠标准溶液

a 0.1mol/L 硫代硫酸钠溶液：见附录七。

b 标准溶液：取 6mL a 液于 100mL 容量瓶中，用煮沸冷却的蒸馏水定容，此时 1mL=0.2mg $H_2S$。

c 标准工作液：将 b 液稀释 10 倍，即 1mL=20$\mu$g $H_2S$。

## 三、操作步骤

（1）采集硫化氢 操作步骤同 $NH_3$ 的采集，采集 20L 空气中的硫化氢。

（2）准备标准系列管 按照表 3-2-1 制备标准系列管。

表 3-2-1 硫化氢标准系列管

| 项目 | 1 | 2 | 3 | 4 | 5 | 6 | 7（样品） |
|---|---|---|---|---|---|---|---|
| 标准液（mL） | 0 | 0.2 | 0.4 | 0.6 | 0.8 | 1 | 0 |
| 吸收液（mL） | 10 | 9.8 | 9.6 | 9.4 | 9.2 | 9.0 | 10 |
| $H_2S$ 含量（$\mu$g） | 0 | 4 | 8 | 12 | 16 | 20 | ? |

（3）待测样品处理　采样后，将样品液全部移入比色管中，取少量原液冲洗吸收管，并合并到比色管中，总体积仍为 10mL。

（4）显色　向 1～7 号管中加入 0.1mL 淀粉溶液，摇匀后再各加入 1.0mL AgNO$_3$ 溶液，摇匀后静置 10min。加 1 滴磷酸氢二钠溶液，摇匀，排除 Fe$^{3+}$ 的干扰。

（5）测定吸光度　用 20mm 比色皿，以水作参比，在波长 665nm 处测定各管吸光度。

（6）绘制标准曲线　方法同 NH$_3$ 测定。

## 四、计算：

（1）体积计算　将采样体积换算成标准状况下的采样体积 $V_0$（同 NH$_3$ 测定）。

（2）空气中硫化氢浓度计算：

$$C = (A - A_0) \times B_s \times D / V_0$$

式中，$C$ 为空气中硫化氢浓度，mg/m$^3$；$A$ 为样品溶液的吸光度；$A_0$ 为空白试剂的吸光度；$B_s$ 为计算因子，μg/吸光度；$D$ 为分析时样品溶液的稀释倍数；$V_0$ 为标准状态下的采样体积，L。

# 实训三　空气中 CO$_2$ 的测定

## 一、原理

采用容量滴定法测定。氢氧化钡与空气中 CO$_2$ 能形成碳酸氢钡白色沉淀，利用过量的氢氧化钡来吸收空气中的 CO$_2$ 后，剩余的氢氧化钡溶液用标准草酸溶液滴定至酚酞试剂红色褪色。根据滴定结果和所采集空气的体积，求 CO$_2$ 的含量。

$$Ba(OH)_2 + CO_2 \rightarrow BaCO_3 \downarrow + H_2O$$
$$Ba(OH)_2 + H_2C_2O_4 \rightarrow BaC_2O_4 \downarrow + 2H_2O$$

## 二、仪器设备

采气瓶（图 3-3-1）、酸式滴定管、大气采样器、碘量瓶。

## 三、试剂（均用无氨蒸馏水配置）

（1）Ba(OH)$_2$ 吸收液

图 3-3-1　采气瓶

①稀吸收液（1.4g/L）（用于空气中二氧化碳浓度低于0.15%时的采样） 称取1.4g氢氧化钡[$Ba(OH)_2 \cdot 8H_2O$]和0.08g氯化钡（$BaCl_2 \cdot 2H_2O$）溶于800mL水中，加入3mL正丁醇，摇匀，蒸馏水定容至1 000mL。

②浓吸收液（2.8g/L）（用于空气中二氧化碳浓度0.15%～0.5%时的采样） 称取2.8g氢氧化钡和0.16g氯化钡溶于800mL水中，加入3mL正丁醇，摇匀，蒸馏水定容至1 000mL。

（2）草酸标准溶液 称取0.563 7g草酸（$H_2C_2O_4 \cdot 2H_2O$）用水溶解，1 000mL容量瓶定容。此时1mL与标准状况（0℃，101.325kPa）下0.1mL $CO_2$相当。

（3）酚酞指示剂、正丁醇 分析纯。

（4）纯氮气或经过碱石灰管除去$CO_2$后的空气（图3-3-2）。

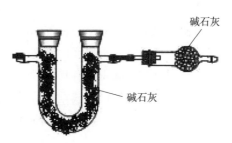

碱石灰

碱石灰

图3-3-2 空气除去$CO_2$装置

## 四、操作步骤

（1）采样 取一个吸收管（事先应充氮或充入经碱石灰处理的空气）加入50mL氢氧化钡吸收液，以0.3L/min流量，采样5～10min。采样前后，吸收管的进、出气口均用乳胶管连接以免空气进入。

（2）采样后，吸收管送实验室，取出中间砂芯管，加塞静置3h，使$BaCO_3$沉淀完全，吸取上清液25mL于碘量瓶中（碘量瓶事先应充氮或充入经碱石灰处理的空气），加入2滴酚酞指示剂，用草酸标准液滴定至红色变为无色，记录所消耗的草酸标准溶液的体积$V_1$（mL）。

（3）同时吸取25mL未采样的$Ba(OH)_2$吸收液作空白滴定，记录消耗的草酸标准溶液的体积$V_2$（mL）。

## 五、结果计算

（1）体积计算 将采样体积换算成标准状态下体积（同$NH_3$测定）。

（2）空气中二氧化碳浓度计算：

$$C = 20 \times (V_2 - V_1)/V_0$$

式中，$C$为空气中二氧化碳浓度，%；$V_2$为样品滴定所用草酸标准溶液体积，mL；$V_1$为空白滴定所用草酸标准溶液体积，mL；$V_0$为换算成标准状况下的采样体积，mL。

该方法对含二氧化碳 $0.04\%\sim0.27\%$ 的标准气体的回收率为 $97\%\sim98\%$，重复测定的变异系数为 $2\%\sim4\%$。

# 实训四　空气中恶臭气体的测定

采用三点比较式臭袋法测定（GB/T 14675—1993），适用于各类恶臭源以不同形式排放的气体样品和环境空气样品臭气浓度的测定。此方法受恶臭物质种类、种类数目、浓度范围及所含成分浓度比例的限制。

## 一、原理

三点比较式臭袋法测定恶臭气体浓度，是先将三只无臭袋中的两只充入无臭空气，另一只则按一定稀释比例充入无臭空气和被测恶臭气体样品，供嗅辨员嗅辨。当嗅辨员正确识别有臭气袋后，再逐级进行稀释、嗅辨，直至稀释样品的臭气浓度低于嗅辨员的嗅觉阈值时停止实验。每个样品由若干名嗅辨员同时测定，最后根据嗅辨员的个人阈值和嗅辨小组成员的平均阈值，求得臭气浓度。

## 二、试剂、材料与装置

（1）标准臭液和无臭液

①五种标准臭液浓度及性质见表 3-4-1。

②液体石蜡作为无臭液和标准臭液溶剂。

表 3-4-1　标准臭液的组成与性质

| 标准臭液 | 质量分数（$m/m$） | 气味性质 |
|---|---|---|
| β-苯乙醇 | $10^{-4.0}$ | 花香 |
| 异戊酸 | $10^{-5.0}$ | 汗臭气味 |
| 甲基环戊酮 | $10^{-4.5}$ | 甜锅巴气味 |
| γ-十一碳（烷）酸内酯 | $10^{-4.5}$ | 成熟水果香 |
| β-甲基吲哚 | $10^{-5.0}$ | 粪臭气味 |

（2）无臭纸　层析滤纸纸条宽 10mm、长 120mm，密封保存。

（3）无臭空气净化装置　见图 3-4-1。

（4）聚酯无臭袋　3L、10L。

（5）采样瓶与真空处理装置　见图 3-4-2。

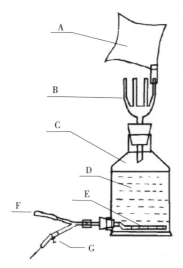

图 3-4-1 无臭空气净化装置
A. 3L 无臭袋 B. 供气分配器 C. 玻璃瓶 D. 活性炭
E. 气体分散管 F. 进气口 G. 供气量控制调节

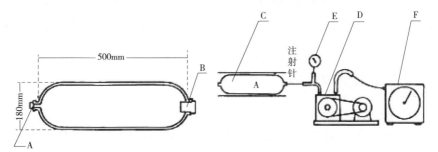

图 3-4-2 采样瓶（左）与真空处理装置（右）
A. 进气口硅橡胶塞 B. 充填衬袋口硅橡胶塞 C. 采样瓶
D. 真空泵 E. 真空表或真空计 F. 气量计

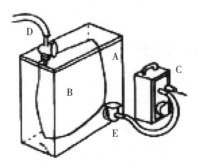

图 3-4-3 排气筒气体采样装置
A. 真空箱 B. 采样袋 C. 抽气泵 D. 样品气体导管 E. 阀

（6）排气筒臭气采样装置 见图 3-4-3。

（7）嗅辨室

①嗅辨室要远离散发恶臭气味的场所，室内能通风换气并保持温度在 17～25℃，至少可供 6～7 名嗅辨员同时工作。

②要设置单独的配气室。

（8）注射器 100mL、50mL、10mL、5mL、1mL 和 100μL。

## 三、嗅辨员

### 1. 嗅辨员要求

嗅辨员应为 18～45 岁，不吸烟、嗅觉器官无疾病的男性或女性，经嗅觉检测合格者，如无特殊情况，可连续 3 年承担嗅辨员工作。

### 2. 嗅觉检测及嗅辨员挑选

嗅觉检测必须在嗅辨室内进行。主考人将 5 条无臭纸的 3 条一端浸入无臭液 1cm，另外 2 条浸入一种标准臭液 1cm，然后将 5 条浸液纸间隔一定距离平行放置，同时交被测者嗅辨，当被测者能正确嗅辨出沾有臭液的纸条，再按上述方法嗅辨其他 4 种标准臭液。能够嗅辨出 5 种臭液纸条者可作为嗅辨员。

## 四、环境臭气采样

### 1. 采样瓶真空处理

在实验室内，用真空排气处理系统将采样瓶排气至瓶内压力接近负压 $1.0 \times 10^5$ Pa。

### 2. 采样及样品保存

采样时打开采样瓶塞，使样品气体充入采样瓶内至常压后盖好瓶塞，避光运回实验室，24h 内测定。

## 五、环境臭气样品的稀释及测定

对于以采样瓶采集的环境臭气样品按如下方法进行稀释和测定：

（1）采集气体样品的采样瓶运回实验室后，取下瓶上的大塞并迅速从该瓶口装入带通气管瓶塞的 10L 聚酯衬袋。用注射器由采样瓶小塞处抽取瓶内气体配制供嗅辨的气袋，室内空气经大塞通气管进入衬袋保持瓶内压力不变。

（2）由 6 名嗅辨员组成嗅辨小组在无臭室内作好嗅辨准备，嗅辨员当天不能携带和使用有气味的香料及化妆品，不能食用有刺激气味的食物，患感冒或嗅觉器官不适的嗅辨员不能参加当天的测定。

（3）环境臭气样品浓度较低，其逐级稀释倍数选择10倍。当嗅辨员认定某一气体袋有气味，则记录该袋编号。

（4）高浓度臭气样品的稀释梯度按表3-4-2，重复三次。

**表3-4-2　高浓度臭气样品的稀释梯度**

| 在3L无臭袋中注入样品的量（mL） | 100 | 30 | 10 | 3 | 1 | 0.3 | 0.03 | 0.01 | … |
|---|---|---|---|---|---|---|---|---|---|
| 稀释倍数 | 30 | 100 | 300 | 1 000 | 3 000 | 1万 | 10万 | 30万 | … |

（5）将6人18个嗅辨结果代入下式计算：

$$M = \frac{1.00 \times a + 0.33 \times b + 0 \times c}{n}$$

式中，$M$ 为小组平均正解率；$a$ 为答案正确的人次数；$b$ 为答案为不明的人次数；$c$ 为答案为错误的人次数；$n$ 为解答总数（18人次）；1.00、0.33、0 为统计权重系数。

（6）正解率分析与 $M$ 值比较实验

①当 $M$ 值大于0.58时，则继续按10倍梯度扩大对臭气样品的稀释倍数并重复（3）、（4）和（5）的实验和计算，直至得出 $M_1$ 和 $M_2$。

②$M_1$ 为某一稀释倍数的平均正解率小于1且大于0.58的数值。$M_2$ 为某一稀释倍数平均正解率小于0.58的数值。

③当第一级10倍稀释样品平均正解率小于（或等于）0.58时，不继续对样品稀释嗅辨，其样品臭气浓度以"<10"或"=10"表示。

## 六、环境结果计算

根据 $M_1$ 和 $M_2$ 值计算环境臭气样品的臭气浓度：

$$Y = t_1 \times 10^{\alpha \cdot \beta}$$

$$a = \frac{M_1 - 0.58}{M_1 - M_2}$$

$$\beta = \lg \frac{t_2}{t_1}$$

式中，$Y$ 为臭气浓度；$t_1$ 为小组平均正解率 $M_1$ 时的稀释倍数；$t_2$ 为小组平均正解率 $M_2$ 时的稀释倍数。

# 实训五　畜舍通风换气量计算

## 一、按二氧化碳含量计算

### (一) 原理

根据舍内家畜产生的二氧化碳总量，求出每小时需由舍外导入多少新鲜空气，可将舍内聚积的二氧化碳稀释至家畜环境卫生学的规定范围。

$$L = \frac{K}{C_1 - C_2}$$

式中，$L$ 为每小时由舍内排出的空气量，$m^3/h$；$K$ 为舍内所有家畜每小时排出的 $CO_2$ 量，$L/h$；$C_1$ 为舍内空气 $CO_2$ 最大允许量，$1.5L/m^3$；$C_2$ 为舍外大气中 $CO_2$ 含量，$0.3L/m^3$。

上式中 $C_2$ 与 $C_1$ 基本上可当作常数。因各种畜舍内 $CO_2$ 的标准含量不应超过 $1.5L/m^3$；即 $0.15\%$；而大气中 $CO_2$ 的含量是稳定的，为 $0.3L/m^3$，即 $0.03\%$ 左右。

### (二) 实例

在一栋容纳 100 头空怀及妊娠前期母猪的猪舍中，其中有体重 100kg 的母猪 30 头、体重 150kg 的母猪 40 头及体重 200kg 的母猪 30 头。猪舍的尺寸为：长 52.0m，宽 9.7m，高 2.2m。按 $CO_2$ 含量计算通风量。

根据上述资料，舍内 100 头母猪每小时产生的 $CO_2$ 量（附录八）为：

$$36 \times 30 + 42 \times 40 + 48 \times 30 = 4\ 200L/h$$

代入公式得：

$$\frac{4\ 200}{1.5 - 0.3} = 3\ 500\ m^3/h$$

为使该猪舍空气中的 $CO_2$ 含量不超过 $0.15\%$，每小时必须排出 $3\ 500m^3$ 空气。

## 二、按湿度要求计算

### (一) 原理

由舍外导入比较干燥的新鲜空气，以置换舍内的潮湿空气，根据舍内外空气中所含水分之差异而求得排出舍内产生的水汽所需要的通风换气量。

### (二) 计算步骤

(1) 查附录八求出各种家畜每小时排出的水汽总量。

（2）计算自地面蒸发至空气中的水汽量（牛舍和马舍按其排出水汽量的10％计算，猪舍按25％计算）。

（3）计算舍外空气的绝对湿度及畜舍内容许的绝对湿度。

（4）计算畜舍每小时的通风量。

$$L = \frac{Q}{(q_1 - q_2) \times 0.75}$$

式中，$L$ 为畜舍内相对湿度保持在卫生要求范围内，每小时的通风量，$m^3/h$；$Q$ 为舍内家畜排出及地面蒸发的水汽总量，$g/h$；$q_1$ 为在卫生要求范围内的绝对湿度，$g/m^3$；$q_2$ 为进入畜舍内新鲜空气的绝对湿度，$g/m^3$；0.75 为百帕换算为毫米汞柱的系数。

**（三）实例**

一栋可容 100 头乳牛的牛舍内，有 30 头乳牛平均体重为 400kg，平均日产乳 10L；50 头体重为 600kg，平均日产乳 15L；20 头干乳牛平均体重为600kg。牛舍尺寸为：长 69.13m，宽 9.9m，天棚高度为 2.7m。舍内温度保持 8℃时，相对湿度不超过 75%，1 月舍外平均气温为 −5℃，水汽压为 2.4hPa。

（1）查附录八求出各种乳牛每小时产生的水汽量（g/h），并完成表 3-5-1。

表 3-5-1　各种乳牛每小时产生的水汽量

| 分类 | 体重（kg） | 乳量（L） | 数量（头） | 每小时产水汽量（g） |
| --- | --- | --- | --- | --- |
| 泌乳牛 | 400 | 10 | 30 | 340×30＝10 200 |
| 泌乳牛 | 600 | 15 | 50 | 507×50＝25 350 |
| 干乳牛 | 600 | 0 | 20 | 487×20＝9 740 |
| 共计 | | | | 45 290 |

（2）由地面蒸发的水汽量为乳牛产生水汽总量的 10% 即 4 529g，故 Q 值为 45 290＋4 529＝49 819g。

（3）求 $q_1$ 值　乳牛舍温度为 8℃，相对湿度为 75%，查附录一得知舍温 8℃时饱和水汽压为 11.25hPa。

11.25×75%＝8.44 $g/m^3$（上述条件下的水汽压）

（4）求 $q_2$ 值　已知为 2.4hPa。代入上述公式：

$$L = \frac{Q}{(q_1 - q_2) \times 0.75} = \frac{49\ 819}{0.75 \times (8.44 - 2.4)} = 10\ 998\ m^3/h$$

即该牛舍通风量应为 10 998m³/h。但是，在计算通风量时，应将水汽压换算成为每立方米空气中含水汽的质量（g）。换算公式如下：

$$q = \frac{1.06}{1 + at} \times e$$

式中，$q$ 为水汽量，$g/m^3$；$e$ 为水汽压，$hPa$；$a$ 为气体膨胀系数，$1/273$；$t$ 为温度，$℃$。

在一般温度范围内，$q$ 和 $e$ 值相近似（当 $16.4℃$ 时，$1 + at = 1.06$，此时 $q$ 和 $e$ 值完全一致。温度较低、水汽饱和时，以 $g/m^3$ 表示较以 mmHg 表示的数值高 $0.1 \sim 0.2$。这一差异，计算时一般不考虑，认为在同一温度下以 mmHg 所表示的数值等于以 $g/m^3$ 表示的数值）而不必换算。

## 三、按热平衡要求计算

根据热量计算畜舍通风量的方法也叫热平衡法，家畜在呼出 $CO_2$、排出水汽的同时，还在不断地向外发散热能。因此，在夏季为防止舍温过高必须通过通风将过多的热量驱散；而在冬季应有效利用这些热能来加热空气，保证不断地将舍内产生的水汽、有害气体、灰尘排出。为保障适宜舍温而使畜舍得、失热量保持平衡的通风量 $L$，其计算公式为：

$$Q = \Delta t(L \times 1.3 + \sum KF) + W$$

式中，$Q$ 为家畜产生的可感热，$kJ/h$；$\Delta t$ 为舍内外空气温差，$℃$；$L$ 为通风量，$m^3/h$；$1.3$ 为空气的比热容，$kJ/(m^3 \cdot ℃)$；$\sum KF$ 为通过外围护结构（墙、屋顶、门、窗和地面）散失的总热量，$kJ/(h \cdot ℃)$，其中，$K$ 为外围护结构的总传热系数，$kJ/(m^2 \cdot h \cdot ℃)$，$F$ 为外围护结构的面积，$m^2$；$W$ 为由地面及其他潮湿物体表面蒸发水分所消耗的热能，按家畜总产热的 $10\%$（猪按 $25\%$）计算。

故通风换气量的计算公式为：

$$L = \frac{Q - \sum KF \times \Delta t - W}{1.3 \times \Delta t}$$

## 四、按通风参数计算

### （一）原理

通风参数是畜舍通风设计的主要依据，各种通风参数见附录五。

### （二）实例

冬季 1 头 600kg 泌乳牛每天所需的最低通风量是多少？

由附录五可知，泌乳牛冬季最低通风量为 0.17m³/ (h·kg)，计算其通风换气量为：0.17×24×600＝2 448m³。

## 五、该牛舍换气次数

### (一) 原理

确定通风量以后，需计算畜舍的换气次数。换气次数是指 1h 内换入新鲜空气的体积为畜舍容积的倍数，其公式为：

$$n=L/V$$

式中，$n$ 为换气次数；$L$ 为通风量，m³/h；$V$ 为畜舍容积，m³。

### (二) 实例

一栋可容 100 头乳牛的牛舍内，有 30 头乳牛平均体重为 400kg，平均日产乳 10L；50 头体重为 600kg，平均日产乳 15L；20 头干乳牛平均体重为 600kg。牛舍尺寸为：长 69.13m，宽 9.9m，天棚高度为 2.7m。舍内温度保持 8℃时，相对湿度不超过 75%，1 月舍外平均气温为 -5℃，水汽压为 2.4hPa。

按照水汽计算的通风换气量为 10 998m³，牛舍的容积为 69.13×9.9×2.7＝1 847.8m³，则通风换气次数为 10 998/1 847.8＝6.0 次/h。

# 第四部分|

# 水 质 检 验

**【实验目的】** 掌握水的采样、保存和水质检测的指标以及检测所用实验方法，为选择水源和评定水质及其检测畜牧场对周边地区水体污染打好基础。

## 实训一  水样的采集和保存

### 一、水样的采集

**1. 水样要求**

均匀、有代表性及不改变其理化特性。

**2. 采样量**

采样量应满足分析的需要。一般情况下，如供单项分析，可取 500～1 000mL水样量；如供一般理化全分析用，则不得少于 3L。但如果被测物的浓度很小而需要预先浓缩时，采样量就应增加。

**3. 采集水样的容器**

可用硬质玻璃瓶或聚乙烯瓶，一般情况下，二者皆可。当容器中某种组分有影响时，应选用合适的容器。

（1）盛水器的材料可能引起对水样的某种污染，如玻璃中可溶出钠和硅，塑料中可溶出有机物质。

（2）某些被测物可能被吸附在盛水器壁上，如重金属（特别是汞和银）离子被玻璃表面的离子交换过程所吸附，苯可被塑料吸附。

（3）水样中的某些成分，可能与盛水器材料发生反应，如氟可与玻璃反应等。

注意：测定有机物质时宜用硬质玻璃瓶；而被测物是痕量金属或是玻璃的主要成分，如钠、钾、硼、硅等时，就应该选用塑料盛水器。当然，这不表示盛水器材料的次要成分就毫无影响。而且，各个制造厂家的同类器皿之间也可能不完全相同，特别是在被测物的浓度很低时，这种影响就显得更重要。已有资料报道，玻璃中也可溶出铁、锰、锌和铅，聚乙烯中可溶出锂和铜。

**4. 采样容器的洗涤**

（1）测定一般理化指标 将容器用水和洗涤剂清洗除去灰尘、油污后用自来水冲洗干净，再用 10％的硝酸或盐酸浸泡 8h，取出沥干后用自来水冲洗 3 次，并用蒸馏水充分淋洗干净。

（2）测定微生物学指标

①容器洗涤 同测定一般理化指标采样容器的洗涤。

②容器灭菌 高压蒸汽灭菌，要求 121℃下维持 15min，高压蒸汽灭菌后的容器如不立即使用，应于 60℃将瓶内冷凝水烘干。灭菌后的容器应在 2 周内使用。

**5. 采样方法**

由于废水的性质和排放特点各不相同，因此无论是天然水水质还是工业企业废水、城市生活污水的水质在不同时间里也往往是有变化的。为了使水样有代表性，就要根据分析目的和现场实际情况来选定采样的方法。通常水样采集方式有：

（1）瞬时水样 有些工厂的生产工艺过程连续恒定，废水中的组分和浓度不随时间变化，这时可以用瞬时采样的方法。瞬时水样采集简单方便，因此即使对一些水质略有变化的废水或天然水，也可采取隔时的瞬时水样，特别是有自动监测仪器的情况，以积累有统计意义的分析数据，或绘制浓度-时间关系曲线，并计算其平均浓度和高峰浓度。

（2）平均混合水样 在一段时间内（一般为一昼夜或一个生产周期），每隔相同的时间采集等量的水，然后混合均匀而组成的水样叫平均混合水样。此方式多用于几个性质相同的生产设备排出的废水，或同一设备排出的流量恒定但水质有变化的废水。

（3）单独水样 有些天然水和废水中，某些组分的分布很不均匀，如油类或悬浮固体；某些组分在排放过程中很容易发生变化，如溶解氧或硫化物等。如果从全分析的采样瓶中取出部分水样来进行这些项目的分析，其结果往往不够准确。这时必须采集单独水样（有的还应作现场固定），分别进行分析。

采样时间和频率的选取主要也应根据分析的目的和排污的均匀程度。一般说来，采样次数越多的混合水样，结果更加准确，即真实代表性越好。多数情况下可在一个生产周期内每隔 0.5h 或 1h 采样一次，然后加以混合。如果要采集几个周期的水样，也可每隔 2h 取样一次，但总采样次数不应少于 8～10 次。

对于排污情况复杂、浓度变化很大的废水，采样的时间间隔要适当短些，有时需 5～10min 就采一次水样。城市污水厂受纳数十个甚至上千个工厂的废水以及城市的生活污水，废水在流到污水厂的途中已有一定的混合。通常可每隔 1h 采样一次，连续采集 8h 或 24h，然后混合，测各组分的平均浓度。

**6. 采样器**

采样器一般是比较简单的，只要将容器（如水桶、瓶子等）浸入要取样的水或废水中，让它灌满水，取出后将水样倒进合适的盛水器（贮样容器）里即可。有时也需要用专门的采样器。

（1）单层采水器　适用于采集水流平缓的深层水样。单层采水器是一个装在金属框内用绳索吊起的玻璃瓶，瓶口配塞，以绳索系牢，绳上标有高度，将采水瓶降落到预定的深度，然后将细绳上提，把瓶塞打开，水样便充满水瓶。除了玻璃瓶，市面上也已有其他材质制成的单层采水器（图 4-1-1）和自动采样器（图 4-1-2）。

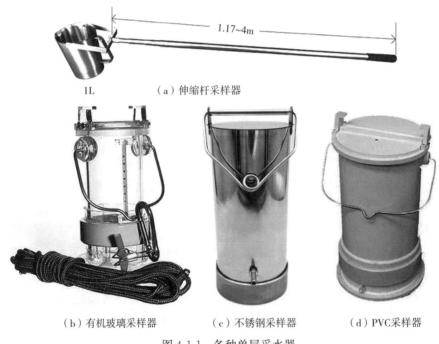

1L　　（a）伸缩杆采样器

（b）有机玻璃采样器　　（c）不锈钢采样器　　（d）PVC采样器

图 4-1-1　各种单层采水器

（2）急流采水器　适用于采集流速急、流量较大水体的水样。采集水样时，把采水器降落到预定的深度，打开橡皮管的夹子，水样便从橡皮塞的长玻璃管流入采样瓶中，瓶内空气由短玻璃管沿橡皮管排出（图 4-1-3）。

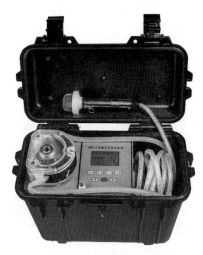

图 4-1-2  自动采样器

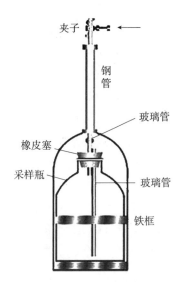

图 4-1-3  急流采样器

（3）双层采水器  适用于采集测定溶解性气体的水样。将采样器沉入要求水深处后，打开上部的橡胶管夹，水样进入小瓶并将空气驱入大瓶，从连接大瓶短玻璃管排出，直到大瓶中充满水样，提出水面后迅速密封（图 4-1-4）。

**7. 采样类型**

（1）地表水采样  地表水采样时，通常采集瞬时水样；遇有重要支流的河段，有时需要采集综合水样或平均比例混合水样。

地表水、表层水可用适当的容器如水桶等采集。在湖泊、水库等处采集一定深度的水样，可用直立式或有机玻璃采样器，并借助船只、桥梁、索道或涉水等方式进行水样采集。

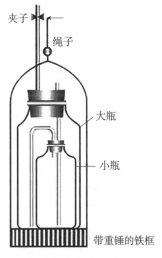

图 4-1-4  双层采集器

采样时，应注意避免水面上的漂浮物混入采样器；正式采样前要用水样冲洗采样器 2～3 次，洗涤废水不能直接回倒入水体中，以避免搅起水中悬浮物。

对于有一定深度的河流等水体采样时，使用深水采样器，慢慢放入水中采样，并严格控制采样深度。

测定油类指标的水样采样时，要避开水面上的浮油，在水面下 5～10cm 处采集水样。

（2）污水的采样

①采样频次 对于污染治理、环境科研、污染源调查和评价等工作中的污水监测，其采样频次可以根据工作方案的要求另行确定。

②污水的采样方法

A. 浅水采样 当废水以水渠形式排放到公共水域时，应设适当的堰，可用容器或用长柄采水勺从堰溢流中直接采样。在排污管道或渠道中采样时，应在液体流动的部位采集水样。

B. 深层水采样 适用于污水处理池中的水样采集，可使用专用的深层采样器采集。

C. 根据行业类型有不同要求的采样 在分时间单元采集样品时，测定pH、化学耗氧量（COD）、五日生化需氧量（$BOD_5$）、溶解氧（DO）、硫化物、油类、有机物、余氯、粪大肠菌群、悬浮物、放射性等项目的样品，不能混合，只能单独采样。

**8. 现场测定项目**

水温、pH、透明度、电导率、DO 等应现场测定。

## 二、水样的运输和保存

**1. 水样的运送**

水样在运送过程中不应破损或丢失，有以下几点值得注意：

（1）水样采集后应尽快进行分析检验，以免水中所含物质由于发生物理、化学或生物学的变化而影响分析结果的准确性。因此，水样也应尽快得到运送。水样运送过程中还可能需要冷冻设备。如果实在来不及将水样送到中心实验室时，一些不稳定的测定项目（如细菌、生化需氧量）应该在当地实验室得到化验。

（2）盛水器应当妥善包装，以免其外部受到污染，特别是水样瓶颈部和瓶塞。

（3）冬季水样可能结冰。如果盛水器用的是玻璃瓶，则要小心防冻以免破裂。

（4）水样的运输时间，一般以 24h 为最大允许时间。

**2. 水样的保存**

（1）水样允许保存的时间 与水样的性质、分析指标、溶液的酸度、保存容器和存放温度等多种因素有关。不同的水样允许的保存时间也有所不同。一般认为，水样的最大存放时间为：清洁水样 72h；轻污染水样 48h；重污染水样 12h。

（2）水样的保存方法

①常用保存剂的作用和应用范围，见表 4-1-1。

**表 4-1-1　常用保存剂的作用和应用范围**

| 保存剂 | 作用 | 使用的监测项目 |
| --- | --- | --- |
| $HgCl_2$ | 细菌抑制剂 | 各种形式的氮或磷 |
| $HNO_3$ | 金属溶剂，防止沉淀 | 多种金属 |
| $H_2SO_4$ | 细菌抑制剂，与有机物形成盐 | 有机水样（COD、TOC、油脂） |
| NaOH | 与挥发性化合物形成盐 | 氰化物、有机酸类、酚类等 |
| 冷藏或冷冻 | 细菌抑制剂，减缓化学反应速率 | 酸碱度、有机物、BOD、色度、生物机体等 |

②部分常用监测指标的水样保存方法见表 4-1-2、附录九。

**表 4-1-2　水样的保存方法**

| 项目 | 保存方法 |
| --- | --- |
| pH | 最好现场测定，必要时 4℃ 保存 6h |
| 总硬度 | 必要时加硝酸至 pH＜2 |
| 氯化物 | 7d 内测定 |
| 氨氮、硝酸盐氮 | 每升水样中加 0.8mL 硫酸（未稀释浓硫酸），4℃ 保存 24h |
| 亚硝酸盐氮 | 4℃ 保存，尽快分析 |
| 化学耗氧量 | 每升水样中加 0.8mL 硫酸，4℃ 保存 24h |
| 生化需氧量 | 最好现场测定，或 4℃ 保存 6h |
| 余氯 | 最好现场测定，必要时 4℃ 保存 |
| 氟化物 | 加氢氧化钠至 pH≥12，4℃ 保存 24h |
| 砷 | 4℃ 保存，尽快分析 |
| 六价铬 | 加氢氧化钠至 pH 7～9，尽快分析 |

# 实训二　pH 的测定

酸度计是具有高输入阻抗的直流毫伏计，它是由电极和电位计两部分组成。用玻璃电极（即氢离子选择性电极）作指示电极，甘汞电极作参比电极，同时浸入溶液中，组成测量电池，可用来测量溶液的 pH。用铂电极或其他离子选择性电极作指示电极时，可用于测量溶液的电位值及其相应离子的浓度或活度。

## 一、电极

### 1. 玻璃电极

玻璃电极的结构如图 4-2-1 所示。它是一种对氢离子具有高度选择性响应的电极，不受氧化剂或还原剂的影响，可用于有色、浑浊或胶体溶液的 pH 测定，也可用于酸碱电位法滴定。测定时达到平衡快，操作简便，不污染溶液。缺点是强度差，易损坏，使用时必须小心操作。一般玻璃电极（221 型）仅限于测定 pH 为 1～9 的溶液，否则将产生酸差或碱差（钠差）；若用于广泛pH 的测定，可使用 231 型锂玻璃电极，它的 pH 测量范围是 0～14。

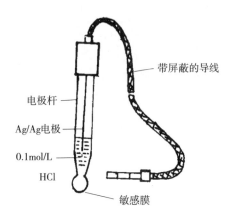

图 4-2-1　球形玻璃电极

玻璃电极在使用前至少要在蒸馏水中浸泡 24h，用完后也应浸泡在蒸馏水中，以备下次使用。测定时要先用与待测溶液 pH 相近的标准缓冲液定位。

### 2. 甘汞电极

最常用的是饱和甘汞电极，结构如图 4-2-2 所示。其电极电位既固定又稳定，所以在测定中常用做参比电极。使用时注意在电极内充满饱和 KCl 溶液，去掉上、下橡皮帽。

## 二、pHS-25 型酸度计

### 1. 仪器的构造

仪器的主要部分可分为电极部分和电计部分。

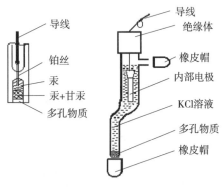

图 4-2-2　甘汞电极

本仪器的电极系统是由 pH 玻璃电极和银-氯化银参比电极组成的复合电极。电计实际上是一高输入阻抗的毫伏计。由于电极系统把溶液的 pH 变为毫伏值是与被测溶液的温度有关的,因此在测 pH 时,电计附有一个温度补偿器。此温度补偿器所指示的温度应与被测溶液的温度相同。此温度补偿器在测量电极电位时不起作用。

由于电极系统的 pH 零电位都有一定的误差,如不对这些误差进行校正,则会对测量结果带来不可忽略的影响。为了消除这些影响,一般酸度计上都有一个"定位"调节器,在仪器 pH 校正时用来消除电极系统的零电位误差。

电计上的"选择"开关用于确定仪器的测量功能。"pH"挡,用于 pH 测量和校正;"+mV"挡,用于测量电极电位极性与电计后面板上标志相同的电极电位值;"-mV"挡,用于测量电极电位极性与电计后面板上标志相反的电极电位值。

电计上的"范围"开关是用于选择测量范围的。中间一挡是仪器预热用的,在不进行测量时,都必须置于这一位置。表 4-2-1 是处在不同挡时的测量范围。

表 4-2-1　不同挡时的测量范围

| 功能及测量范围挡 | pH 测量 | mV 测量 |
|---|---|---|
| 0~7 | pH 0~7 | -700~0mV<br>0~700mV |
| 7~14 | pH 7~14 | -1 400~-700mV<br>700~1 400mV |

电计的输入电路采用具有极高输入阻抗(典型值)的高性能集成运算放大器。电计的电源电路采用具有齐全保护功能的三端集成稳压器。电计的指示电表采用具有镜面的精密电表,能消除人工读数误差。

**2. 仪器的使用方法**

仪器外部各部件的位置和名称见图 4-2-3。

首先,装上电极杆及电极夹,并按需要的位置紧固。然后装上电极,支好支架。在开电源开关前,把"范围"开关置于中间的位置。短路插头插入电极插座。

(1)电计的检查　通过下列操作方法,可初步判断仪器是否正常。

①将"选择"开关置于"+mV"或"-mV"挡。短路插头插入电极插座。

②"范围"开关置于中间的位置,开仪器电源开关,此时电源指示灯应亮。表针位置在未开机时的位置。

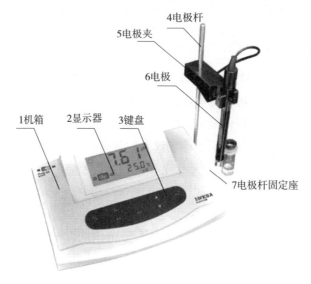

图 4-2-3  pHS-25 型酸度计

③将"范围"开关置于"0～7"挡，指示电表的示值应为 0mV（±10mV）位置。

④将"选择"开关置于"pH"挡，调节"定位"，电表的示值应能调至小于 pH 6。

⑤将"范围"开关置于"7～14"挡，调节"定位"，电表的示值应能调至大于 pH 8。

当仪器经过以上方法检验都能符合要求后，则可认为仪器的工作基本正常。

（2）仪器的 pH 标定  干放的复合电极在使用前必须浸泡 8h 以上（在蒸馏水中浸泡）。使用前使复合电极的参比电极加液小孔露出，甩去玻璃电极下端气泡，将仪器的电极插座上短路插头拨去，插入复合电极。仪器在使用之前，即测未知溶液 pH 前，先要标定，但并非每次使用前都要标定，一般每天标定一次已能达到要求。仪器的标定可按如下步骤进行：

①用蒸馏水清洗电极，电极用滤纸擦干后即可把电极放入已知 pH 的缓冲溶液中，调节"温度"调节器，使所指定的温度同溶液的温度。

②将"选择"开关置于所测 pH 标准缓冲溶液的范围这一挡（如 pH 4.008 或 pH 6.865 的溶液则置"0～7"挡）。

③调节"定位"旋钮，使电表指示该缓冲溶液的准确 pH。

标定所选用的 pH 标准缓冲溶液同被测样品的 pH 尽量接近，这样能减小测量误差。

经上述步骤标定后的仪器，"定位"旋钮不应再有任何变动。在一般情况下，24h 之内，无论电源是连续开或是间断开，仪器不需要再标定，但遇下列情况之一，则仪器最好事先标定：溶液温度与标定时的缓冲溶液温度有较大变化时；干燥过久的电极；换过了新的电极；"定位"旋钮有变动，或可能有变动；测量过 pH 较大（大于 pH 12）或较小（小于 pH 2）的溶液；测量过含有氟化物且 pH 小于 7 的溶液，或较浓的有机溶剂之后。

（3）pH 测量　已经过 pH 标定的仪器，即可以用来测样品的 pH，其步骤如下：

①把电极插入未知溶液之内，稍稍摇动烧杯，缩短电极响应时间。

②调节"温度"调节器指示溶液的温度。

③将"选择"开关置于"pH"挡。

④将"范围"开关置于被测溶液的可能 pH 范围。

此时仪器所指示的 pH 即未知溶液的 pH。

（4）测量电极电位

仪器在测量电极电位时，只要根据电极电位的极性置"选择"开关，当此开关置"＋mV"挡时，仪器所指示的电极电位极性与电计后面板上标志相同的电极电位值；当此开关置"－mV"挡时，电极电位极性与电计后面板上标志相反的电极电位值。

当"范围"开关置于"0～7"挡时，测量范围为－700～0mV、0～700mV；置于"7～14"挡时，测量范围为－1 400～－700mV、700～1 400mV。

## 三、标准缓冲溶液的配制

（1）pH 标准缓冲溶液甲（pH 4.008，25℃）　称取先在 110～130℃干燥 2～3h 的邻苯二甲酸氢钾（$KHC_8H_4O_4$）10.12g，溶于水并在容量瓶中定容至 1L。

（2）pH 标准缓冲溶液乙（pH 6.865，25℃）　分别称取先在 110～130℃干燥 2～3h 的磷酸二氢钾（$KH_2PO_4$）3.388g 和磷酸氢二钠（$Na_2HPO_4$）3.533g，溶于水并在容量瓶中定容至 1L。

# 实训三  总硬度的测定

水总硬度是否符合标准是自来水的一个重要参考数据，是指水中钙、镁离子沉淀肥皂水化液的能力，主要是描述钙离子和镁离子的含量，包括碳酸盐硬度（即通过加热能以碳酸盐形式沉淀下来的钙、镁离子，又叫暂时硬度）和非碳酸盐硬度（即加热后不能沉淀下来的那部分钙、镁离子，又称永久硬度）。

水总硬度根据不同的标准可以进行不同的分类。不同国家的换算单位也有不同的标准。我国标准和德国标准一致。

在一般情况下，除了钙、镁离子外，其他沉淀肥皂的金属离子（铁、铝、锰、锶和锌等）都很低，所以多采用乙二胺四乙酸二钠滴定法测定钙、镁离子的总量，经换算以每升水 $CaO$ 的毫克数表示。

## 一、原理

（1）EDTA-Na$_2$ 与 $Ca^{2+}$、$Mg^{2+}$ 反应生成十分稳定的无色可溶性络合物（pH10）。

（2）铬黑 T 与 $Ca^{2+}$、$Mg^{2+}$ 反应生成紫红色络合物，但不如 EDTA-Na$_2$ 产生的络合物稳定。水样中先加入铬黑 T，生成紫红色络合物，然后用 EDTA-Na$_2$ 滴定，夺取紫红色络合物中的 $Ca^{2+}$、$Mg^{2+}$，形成稳定的无色络合物，使铬黑 T 游离出来，此时溶液变为蓝色。

注意：铁、铜、铝、锰、镉离子对测定有干扰，可加入硫化钠或者盐酸羟胺来消除干扰。

## 二、试剂配制

（1）pH 10 缓冲液

a 液：称取 16.9g NH$_4$Cl，溶于 143mL 浓氨水中。

b 液：称取 0.8g MgSO$_4$·7H$_2$O 及 1.1g EDTA-Na$_2$，溶于 100mL 蒸馏水中，合并 a 液和 b 液，并定容至 250mL。

（2）铬黑 T 指示剂　5g 铬黑 T 加入 100g NaCl，混匀。

（3）0.02N EDTA-Na$_2$　3.72g EDTA-Na$_2$ 溶于少量水中，定容至 1 000mL。

## 三、操作步骤

（1）取 50mL 水样（若硬度大，可稀释）于 150mL 容量瓶中。

（2）加入 1～2mL 缓冲液及 1 匙尖铬黑 T 指示剂，立即用 EDTA-Na$_2$ 标准工作液滴定，边滴边充分振摇，溶液由紫红色变蓝色时即为终点，记录 EDTA-Na$_2$ 溶液的用量 V（mL）。

## 四、计算

（1）总硬度（以 CaO 计，mg/L）计算：

$$总硬度＝V×0.560\ 8×1\ 000/水样体积$$

式中，0.560 8 是 1mL 0.02N EDTA-Na$_2$ 溶液中相当于 CaO 的质量（mg）。

（2）水的硬度计算：

$$水的硬度＝总硬度/10$$

式中，除以 10 是因为 1 度等于 10mg/L CaO。

水硬度的划分及各国水硬度的换算见表 4-3-1 与表 4-3-2。

表 4-3-1　水的硬度的划分

| 等级 | 极软水 | 软水 | 中硬水 | 硬水 | 高硬水 | 超高硬水 | 特硬水 |
|---|---|---|---|---|---|---|---|
| CaO（mg/L） | 0～75 | 75～150 | 150～300 | 300～450 | 450～700 | 700～1 000 | >1 000 |
| 硬度 | 0～7.5 | 7.5～15 | 15～30 | 30～45 | 45～70 | 70～100 | >100 |

表 4-3-2　各国水硬度换算单位

| 国家 | 换算 |
|---|---|
| 德国 | 1 度相当于 1L 水中 10mg 的 CaO |
| 英国 | 1 度相当于 0.7L 水中 10mg 的 CaCO$_3$ |
| 法国 | 1 度相当于 1L 水中 10mg 的 CaCO$_3$ |
| 美国 | 1 度相当于 1L 水中 1mg 的 CaCO$_3$ |

# 实训四　化学耗氧量（COD）的测定

水中化学耗氧量的大小是水质污染程度的主要指标之一。因水中除含有无机还原性物质（如 S$^{2-}$、Fe$^{2+}$ 等）外，还可能含有少量有机物质。如果有机物腐烂促使水中微生物繁殖，则污染水质，影响人体健康。

化学耗氧量的测定，目前多采用 KMnO$_4$ 和 K$_2$Cr$_2$O$_7$ 两种方法。KMnO$_4$ 法适合测定地面水、河水等污染不十分严重的水质，此方法简便、快速。

K$_2$Cr$_2$O$_7$ 法适合于测定污染较严重的水。K$_2$Cr$_2$O$_7$ 法氧化率高，重现性好。因为本实验中的水样多为自来水或纯净水，所以采用高锰酸钾法来测定。

# 一、KMnO₄ 法原理

在酸性溶液中，加入过量的 KMnO₄ 溶液，加热使水中有机物充分与之作用后，加入过量的 $Na_2C_2O_4$ 与 KMnO₄ 充分作用。剩余 $C_2O_4^{2-}$ 再用 KMnO₄ 溶液滴定，反应式如下：

（1）在酸性条件下，KMnO₄ 具有很强的氧化性。

$$MnO_4^- + 8H^+ + 5e^- = Mn^{2+} + 4H_2O$$

（2）水溶液中有机物被氧化。

$$4KMnO_4 + 6H_2SO_4 + 5C = 2K_2SO_4 + 4MnSO_4 + 5CO_2 \uparrow + 6H_2O$$

（3）过量的 KMnO₄ 用过量的草酸还原，再用 KMnO₄ 滴定至微红色。

$$2MnO_4^- + 5C_2O_4^{2-} + 16H^+ = 2Mn^{2+} + 8H_2O + 10CO_2 \uparrow$$

水样中若含 $Cl^-$ 量大于 300mg/L，将使测定结果偏高，可加纯水适当稀释，消除干扰。或加入 $Ag_2SO_4$，使 $Cl^-$ 生成沉淀。通常加入 1.0g $Ag_2SO_4$，可消除 200mg $Cl^-$ 的干扰。

$H_2S$ 等水样中的还原性物质可能干扰测定，但它们在室温条件下就能被 KMnO₄ 氧化，因此水样在室温条件下应先用 KMnO₄ 溶液滴定，除去干扰离子，此 $MnO_4^-$ 的量不应记数。水中耗氧量主要指有机物质所消耗的 $MnO_4^-$ 的量。

取水样后应立即进行分析，如有特殊情况要放置时，可加入少量硫酸铜以抑制生物对有机物的分解。必要时，应取与水样同量的蒸馏水，测定空白值，加以校正。

# 二、试剂配制

**1. 1：3 硫酸**

1 份浓硫酸缓慢加入 3 份蒸馏水中，边加边搅拌；冷却至室温，加入试剂瓶中，摇匀，同时加几滴高锰酸钾至硫酸呈现微红色。

**2. 0.01N 草酸**

（1）0.1N（0.05mol/L）草酸　称取 3.152 6g 分析纯草酸，溶于少量蒸馏水中，并定容至 500mL，暗处保存。

（2）0.01N 草酸　将 0.1N 草酸稀释 10 倍，即 10mL 0.1N 草酸定容至 100mL，即为 0.01N 草酸。

**3. 0.01N KMnO₄ 溶液**

先配制 0.1N 草酸标准溶液来标定 KMnO₄ 浓度，根据标定结果配制

0.01N $KMnO_4$。

（1）0.1N（0.02mol/L）$KMnO_4$ 溶液　称取 3.3g 分析纯 $KMnO_4$ 溶于少量蒸馏水中，并定容至 1L，煮沸 15min，静置 2d 以上，然后小心将上清液移入棕色瓶中，暗处保存。

（2）标定

①取 10mL 0.1N $KMnO_4$ 于 150mL 锥形瓶中，加入 40mL 蒸馏水及 2.5mL 1∶3 硫酸，加热煮沸 10min。

②取下瓶，迅速自滴定管中加入 15mL0.1N 草酸标准溶液，再立即用 $KMnO_4$ 滴定，不断震荡，直至出现为红色为止，不必记录用量。

③将瓶继续加热煮沸，加入 10mL0.1N 草酸标准溶液，迅速用 $KMnO_4$ 滴定至微红色，记录用量 $V$（mL），计算 $KMnO_4$ 溶液的准确当量。

如滴定用了 7.5mL 0.1N $KMnO_4$ 溶液，则取 7.5mL $KMnO_4$ 定容至 100mL，即为 0.01N $KMnO_4$。

## 三、测定步骤

（1）测定前处理锥形瓶　向 250mL 的广口锥形瓶中加入 50mL 清水，再加入 1mL 1∶3 硫酸及少量高锰酸钾溶液，加热煮沸数分钟溶液应保持微红色，将溶液倒出，并用少量蒸馏水将瓶洗涤数次。

（2）取 100mL 混匀的水样　若有机物含量高，可将之按比例稀释后取 100mL，置于已处理的 250mL 三角瓶中，加入 5mL1∶3 硫酸溶液摇匀，用滴定管加入 10mL $KMnO_4$ 溶液。

（3）煮沸　将三角瓶于电炉上均匀加热，从沸腾开始，准确煮沸 10min，如加热过程中红色明显减退，应将水样稀释后重做。

（4）加草酸　取下瓶，趁热自滴定管中加入 10mL 0.01N 草酸溶液，并充分摇匀使红色褪尽。

（5）0.01N $KMnO_4$ 滴定　于白色背景上，自滴定管中加入 0.01N $KMnO_4$ 溶液，至溶液颜色呈现微红色为终点，记录用量（$V_1$，mL），若 $V_1$ 超过 5mL，应取少量水样用蒸馏水稀释后重做。

（6）加草酸　向滴定终点的水样中趁热（70~80℃）加入 10mL 0.01N 草酸溶液。

（7）0.01N $KMnO_4$ 滴定　加入草酸后立即用 $KMnO_4$ 溶液滴定至微红色，记录用量（$V_2$，mL）。如 $KMnO_4$ 溶液的浓度是准确的 0.01N，滴定时用量应为 10mL，否则须求校正系数（$K$）：$K = 10/V_2$。

（8）如水样用蒸馏水稀释，则另取 100mL 蒸馏水，进行 1～6 步实验，记录 $KMnO_4$ 溶液用量（$V_0$，mL）。

## 四、计算方法

（1）如水样未稀释，公式为：

$$COD = \frac{[(10+V_1)K-10]\times 0.08 \times 1\,000}{100}$$

式中，0.08 为 1mL 0.01N $KMnO_4$ 溶液相当于氧的毫克数。

（2）如水样用蒸馏水稀释，公式为：

$$COD = \frac{\{[(10+V_1)K-10]-[(10+V_0)K-10]\times R\}\times 0.08\times 1\,000}{V_2}$$

式中，$R$ 为稀释水样时蒸馏水在体积中占的比例，如果 25mL 水样用蒸馏水稀释至 100mL，则 $R$ 为 0.75。

# 实训五　五日生化需氧量（$BOD_5$）的测定

警告：丙烯基硫脲属于有毒化合物，操作时应按规定要求佩戴防护器具，避免接触皮肤和衣服；标准溶液的配制应在通风橱内进行操作；检测后的残渣残液应做妥善的安全处理。

## 一、原理

生化需氧量是指在规定的条件下，微生物分解水中的某些可氧化的物质，特别是分解有机物的生物化学过程消耗的溶解氧。通常情况下是指水样充满完全密闭的溶解氧瓶中，在（20±1）℃的暗处培养 5d±4h 或（2+5）d±4h［先在 0～4℃的暗处培养 2d，接着在（20±1）℃的暗处培养 5d］，分别测定培养前后水样中溶解氧的质量浓度，计算每升样品消耗的溶解氧量，以 $BOD_5$ 形式表示。

若样品中的有机物含量较多，$BOD_5$ 的质量浓度大于 6mg/L，样品需适当稀释后测定；对不含或含微生物少的工业废水，如酸性废水、碱性废水、高温废水、冷冻保存的废水或经过氯化处理等的废水，在测定 $BOD_5$ 时应进行接种，以引进能分解废水中有机物的微生物。当废水中存在难以被一般生活污水中的微生物以正常的速度降解的有机物或含有剧毒物质时，应将驯化后的微生物引入水样中进行接种。

## 二、实验准备

所用玻璃器皿要认真清洗，不能吸附有毒的或生物可降解的化合物，并防止污染。

（1）培养瓶　细口瓶的容量在 250～300mL，带有磨口玻璃塞，并具有供水封用的钟形口，最好是直肩的。

（2）培养箱　温度控制在 （20±1）℃。

（3）测定溶解氧仪器。

（4）用于样品运输和贮藏的冷藏手段（0～4℃）。

（5）稀释容器　带塞玻璃瓶，刻度精确到毫升，其容积大小取决于稀释样品体积。

## 三、试剂

### 1. 实验用水

符合 GB/T 6682 规定的 3 级蒸馏水，且水中铜离子的质量浓度不大于0.01mg/L，不含有氯或氯胺等物质。

### 2. 接种液

可购买接种微生物用的接种物质，接种液的配制和使用按说明书的要求操作。也可按以下方法获得接种液：

（1）未受工业废水污染的生活污水　COD 不大于 300mg/L，总有机碳不大于 100mg/L。

（2）含有城镇污水的河水或湖水。

（3）污水处理厂的出水。

（4）分析含有难降解物质的工业废水时，在其排污口下游适当处取水样作为废水的驯化接种液。也可取中和或经适当稀释后的废水进行连续曝气，每天加入少量该废水，同时加入少量生活污水，使适应该废水的微生物大量繁殖。当水中出现大量的絮状物时，表明微生物已繁殖，可用作接种液。一般驯化过程需 3～8d。

### 3. 盐溶液

下述溶液至少可稳定 1 个月，应贮存在玻璃瓶内置于暗处，一旦发现有生物滋长迹象，则应弃之不用。

（1）磷酸盐缓冲溶液　将 8.5 克磷酸二氢钾（$KH_2PO_4$）、21.75 克磷酸氢二钾（$K_2HPO_4$）、33.4g 七水磷酸氢二钠（$Na_2HPO_4 \cdot 7H_2O$）和 1.7g 氯

化铵（$NH_4Cl$）溶于约 500mL 水中，定容至 1 000mL 并混合均匀。此缓冲液的 pH 为 7.2。

（2）硫酸镁溶液（$\rho=11.0g/L$）　将 22.5g 七水硫酸镁（$MgSO_4 \cdot 7H_2O$）溶于水中，定容至 1 000mL 并混合均匀。

（3）氯化钙溶液（$\rho=27.6g/L$）　将 27.6g 无水氯化钙（$CaCl_2$）溶于水，定容至 1 000mL 并混合均匀。

（4）氯化铁溶液（$\rho=0.15g/L$）　将 0.25g 六水氯化铁（$FeCl_3 \cdot 6H_2O$）溶于水中，定容至 1 000mL 并混合均匀。此溶液在 0～4℃可稳定保存 6 个月，若发现任何沉淀或微生物生长应弃去。

**4. 稀释水**

用 5～20L 升烧杯取上述四种盐溶液各 1mL，加入约 500mL 水中，然后稀释至 1 000mL 并混合均匀，将此溶液置于恒温下，曝气 1h，曝气过程确保其不受污染，特别是不被有机物质、氧化物质、还原物质或金属污染，确保溶解氧不低于 8mg/L。稀释水中氧的质量浓度不能过饱和，使用前需开口放置 1h，且应在 24h 内使用。剩余的稀释水应弃去。

此溶液的 $BOD_5$ 不超过 0.2mg/L。此溶液应在 8h 内使用。

**5. 接种的稀释水**

根据需要和接种水的来源，向每升稀释水中加入 1.0～5.0mL 接种液（城市生活污水和污水处理厂出水加 1～10mL，河水或湖水加 10～100mL），将接种稀释水存放在（20±1）℃的环境中，当天配制当天使用。

接种的稀释水 pH 为 7.2，$BOD_5$ 应小于 1.5 mg/L。

**6. 盐酸**（HCl）**溶液**（$c=0.5mol/L$）

将 40mL 浓盐酸溶于水中，稀释至 1 000mL。

**7. 氢氧化钠**（NaOH）**溶液**（$\rho=20g/L$）

将 20g 氢氧化钠溶于水中，稀释至 1 000mL。

**8. 亚硫酸钠**（$Na_2SO_3$）**溶液**（$\rho=1.575g/L$）

将 1.575g 亚硫酸钠溶于水中，稀释至 1 000mL，此溶液不稳定，需每天配制。

**9. 葡萄糖-谷氨酸标准溶液**

将无水葡萄糖（$C_6H_{12}O_6$）和谷氨酸（$COOH-CH_2-CH_2-CHNH_2-COOH$）在 130℃下干燥 1h，每种称量 150mg 溶于蒸馏水中，稀释至 1 000mL。此溶液的 $BOD_5$ 为（210±20）mg/L，现用现配。该溶液也可少量冷冻保存，融化后立刻使用。

**10. 丙烯基硫脲硝化抑制剂**（$\rho=1.0g/L$）

溶解 0.20g 丙烯基硫脲（$C_4H_8N_2S$）于 200mL 水中混合，4℃保存，此溶液可稳定保存 14d。

**11. 乙酸溶液**

冰醋酸用水以体积比 1∶1 稀释后得到的乙酸溶液，即 1+1 乙酸。

**12. 碘化钾溶液**（$\rho=100g/L$）

将 10g 碘化钾（KI）溶于水中，稀释至 100mL。

**13. 淀粉溶液**（$\rho=5g/L$）

将 0.50g 淀粉溶于水中，稀释至 100mL。

## 四、样品采集与保存

采集的样品应充满并密封于棕色玻璃瓶中，样品量不小于 1 000mL，在 0～4℃的暗处运输和保存，并于 24h 内尽快分析。如 24h 内不能分析，可冷冻保存（冷冻保存时避免样品瓶破裂），冷冻样品分析前需解冻、均质化和接种。

## 五、操作步骤

### 1. 样品预处理

（1）样品的 pH 调节　如果样品的 pH 不在 6～8，先做单独实验，确定需要用的盐酸溶液或氢氧化钠溶液的体积，再中和样品，不管有无沉淀形成。

（2）含游离氯和结合氯的样品　加入所需体积的亚硫酸钠溶液，使样品中自由氯和结合氯失效，注意避免加过量。

（3）样品均质化　含有大量颗粒物、需要较大稀释倍数的样品或经冷冻保存的样品，测定前均需将样品搅拌均匀。

### 2. 实验水样的准备

将实验样品温度升至 20℃，然后在半充满的容器内摇动样品，以便消除可能存在的过饱和氧。将已知体积样品置于稀释容器中，用稀释水或接种稀释水稀释，轻轻地混合，避免夹杂空气泡。稀释倍数可参考表 4-5-1。

**表 4-5-1　实验水样稀释倍数的参考**

| 预期 BOD$_5$值（mg/L） | 稀释比 | 结果取整到 | 适用的水样 |
| --- | --- | --- | --- |
| 2～6 | 1～2 | 0.5 | 河水 |
| 4～12 | 2 | 0.5 | 河水、生物净化过后的污水 |
| 10～30 | 5 | 0.5 | 河水、生物净化过后的污水 |

（续）

| 预期 BOD$_5$值（mg/L） | 稀释比 | 结果取整到 | 适用的水样 |
|---|---|---|---|
| 20～60 | 10 | 1 | 生物净化过后的污水 |
| 40～120 | 20 | 2 | 澄清过的污水或轻度污染的工业废水 |
| 100～300 | 50 | 5 | 澄清过的污水或轻度污染的工业废水，原污水 |
| 200～600 | 100 | 10 | 澄清过的污水或轻度污染的工业废水，原污水 |
| 400～1 200 | 200 | 20 | 严重污染的工业污水，原污水 |
| 1 000～3 000 | 500 | 50 | 严重污染的工业污水 |
| 2 000～6 000 | 1 000 | 100 | 严重污染的工业污水 |

若采用的稀释比大于 100 时，将分几步进行稀释。若需要抑制硝化反应，则加入烯丙基硫脲（ATU）（$C_4H_8N_2S$）或 2-氯代-6-三氯甲基吡啶（TCMP）（$Cl—C_5H_3N—CCl_3$）试剂。

若只需要测定有机物降解的耗氧，必须抑制硝化微生物以避免氮的硝化。为此目的，在每升稀释样品中加入 2mL 浓度为 500mg/L 的 ATU 溶液或一定量的、固定在氯化钠上的 TCMP，使 TCMP 在稀释样品中浓度约为 0.5mg/L。

恰当的稀释比应使培养后剩余溶解氧至少有 1mg/L 和消耗的溶解氧至少 2mg/L。

当难于确定恰当的稀释比时，可先测定水样的总有机碳（TOC）或重铬酸盐化学需氧量（COD），根据 TOC 或 COD 估计 BOD$_5$可能值，再围绕预期的 BOD$_5$值做几种不同的稀释比，最后从所得测定结果中选取合乎要求条件者。如根据 COD 法来确定稀释倍数：工业废水由重铬酸钾测得的 COD 值来确定，通常需要作三个稀释比。使用稀释水时，由 COD 值分别乘以系数 0.075、0.15、0.225，即可获得三个稀释倍数。使用接种稀释水时，则分别乘以系数 0.075、0.15、0.25。

**3. 空白实验**

用接种稀释水进行空白平行实验测定。

**4. 测定**

按采用的稀释比用虹吸管充满两个培养瓶至稍溢出。将所有附着在瓶壁上的空气泡赶掉，盖上瓶盖，小心避免夹杂空气泡。

将瓶子分为两组，每组都含有一瓶选定稀释比的稀释水样和一瓶空白溶液，放一组瓶于培养箱中，并在暗中放置 5d。

在计时起点时，测量另一组瓶的稀释水样和空白水样溶液中的溶解氧浓度。达到需要培养的 5d 时间时，测定放在培养箱内那一组稀释水样和空白溶液的溶解氧浓度。

**5. 验证实验**

为了检验接种稀释水、接种水和分析人员的技术，需进行验证实验。将 20mL 葡萄糖-谷氨酸标准溶液用接种稀释水稀释至 1 000mL，并且按照测定步骤进行测定。得到的 $BOD_5$ 应在 $180 \sim 230mg/L$，否则应检查接种水。本实验同样品测定同时进行。

## 六、结果

（1）被测定溶液若满足培养 5d 后剩余 $DO \leqslant 1mg/L$，消耗 $DO \geqslant 2mg/L$，则能获得可靠的测定结果。若不能满足以上条件，一般应舍掉该组结果。

（2）五日生化需氧量（$BOD_5$）以每升消耗氧的毫克数表示，由下式计算：

$$BOD_5 = [(C_1 - C_2) - (V_t - V_e) \times (C_3 - C_4)/V_t]V_t/V_e$$

式中，$C_1$ 为在初始计时时一种实验水样的溶解氧浓度，mg/L；$C_2$ 为在培养 5d 时同一种水样的溶解氧浓度，mg/L；$C_3$ 为在初始计时时空白溶液的溶解氧浓度，mg/L；$C_4$ 为在培养 5d 时空白溶液的溶解氧浓度，mg/L；$V_e$ 为制备该实验水样用去的样品体积，mL；$V_t$ 为该实验水样的总体积，mL；

若有几种稀释比所得数据皆符合所要求的条件，则几种稀释比所得结果皆有效，以其平均值表示检测结果。

# 实训六　溶解氧（DO）的测定

水中溶解氧的测定可采用碘量法和膜电极法。前者比较准确；后者快速简单，适用于现场测定。本次实验采用碘量法进行测定。

## 一、碘量法原理

向水样中加入硫酸锰及碱性碘化钾，则水样中溶解的氧将低价锰氧化为高价锰。在硫酸酸性条件下，高价锰氧化碘离子而释放出碘，用硫代硫酸钠溶液滴定释放出的碘，即可计算出溶解氧的含量。

亚铁、硫化物及有机物质对此法均有干扰，可在采样时先用高锰酸钾在酸性条件下将水样中的还原物质氧化，并用草酸除去过量的高锰酸钾。

反应方程式：

$$2MnSO_4 + 4NaOH = 2Mn(OH)_2 \downarrow + 2Na_2SO_4$$

$$2Mn(OH)_2 + O_2 = 2H_2MnO_3 \downarrow$$

$$H_2MnO_3 + Mn(OH)_2 = MnMnO_3 \downarrow (棕色沉淀) + 2H_2O$$

加入浓硫酸后的反应方程式：

$$2KI + H_2SO_4 = 2HI + K_2SO_4$$

$$MnMnO_3 + 2H_2SO_4 + 2HI = 2MnSO_4 + I_2 \downarrow + 3H_2O$$

$$I_2 + 2Na_2S_2O_3 = 2NaI + Na_2S_4O_6$$

此法适用于含少量还原性物质及硝酸氮含量<0.1mg/L、铁含量不大于1mg/L，且较为清洁的水样。

## 二、仪器

250mL 溶解氧瓶，50mL 碱式滴定管，250mL 锥形瓶，移液管（1mL、2mL、100mL），容量瓶（100mL、250mL、1 000mL），洗耳球，标签纸，封口膜。

## 三、试剂

（1）硫酸锰溶液或氯化锰溶液　称取 48g $MnSO_4 \cdot 4H_2O$ 或 40g $MnSO_4 \cdot 2H_2O$ 或 36.4g $MnSO_4 \cdot H_2O$，或 40g 氯化锰（$MnCl_2 \cdot 2H_2O$）溶于蒸馏水中，转至 100mL 容量瓶，定容后摇匀。此溶液加至酸化过的碘化钾溶液中，遇淀粉不得产生蓝色。

（2）碱性 KI 溶液　称取 50g NaOH 和 15g KI 溶于 50mL 蒸馏水中，并稀释至 100mL。静置 1~2d，取上清液备用。

（3）浓硫酸。

（4）高锰酸钾溶液　称取 6.3g 高锰酸钾，溶于蒸馏水中，并定容至 1 000mL。

（5）2%草酸钾溶液　称取 2.0g 草酸钾（$K_2C_2O_4 \cdot H_2O$）溶于蒸馏水，并定容至 100mL。

（6）0.5%淀粉溶液　称取 0.5g 可溶性淀粉，用少量水调成糊状，再用刚煮沸的水定容至 100mL。冷却后，加入 0.1g 水杨酸或 0.4g 氯化锌防腐保存。

（7）0.025N 硫代硫酸钠溶液（需要标定，标定方法见附录七）　称取 25g 硫代硫酸钠（$Na_2S_2O_3 \cdot 5H_2O$），溶于 1L 煮沸放冷的蒸馏水中，此溶液浓度为 0.1N（0.05mol/L）。加入 0.4g 氢氧化钠或 0.2g 无水碳酸钠以防分解，贮存于棕色瓶中，可保存数月。

## 四、水样采集和溶解氧的固定

测定溶解氧的水样，应用溶解氧瓶（或 250mL 具塞试剂瓶）单独采集。取样时先用水样冲洗 3 次，然后采样至瓶口，立即加入 2mL 硫酸锰溶液。加试剂时应将吸管的末端插至瓶中，然后慢慢上提，再用同样的方法加入 2mL 碱性碘化钾溶液。慢慢盖上瓶塞，注意勿使瓶塞下留有气泡。将瓶颠倒数次，此时会有黄色到棕色沉淀物形成。水样应在 4~8h 内分析。

当水样中含有亚铁或某些有机物时，在上述操作前，要先往瓶中加入 0.7mL 浓硫酸及 1mL 高锰酸钾溶液。盖紧瓶盖颠倒混合，放置 15min。若紫红色褪去，则补加高锰酸钾，直到紫红色保持不褪为止，过量的高锰酸钾用草酸溶液还原，至紫色刚刚褪去为止。

采集水样时应同时测定水样的温度，以便根据测定结果，按照附录四计算溶解氧的饱和百分率，或者根据淡水中的溶解氧的理论量来计算。

1 013hPa 大气压下，空气中含氧量为 20.9% 时，淡水中溶解氧的温度曲线方程（适用于水温 0~40℃）为：

$$S_0 = 0.003\ 6\ T^2 - 0.334\ 1\ T + 14.414$$

当气压变化时，可按下列公式计算溶解氧含量：

$$S = S_0 \times P / 1\ 013$$

式中，$S$ 为测定气压下的溶解氧；$S_0$ 为 1 013hPa 大气压力下空气中的溶解氧；$P$ 为大气压力（kPa）；$T$ 为温度。

## 五、测定步骤

（1）将现场采集的水样加以震荡，待沉淀物尚未完全沉至瓶底时，加入 2mL 浓硫酸，盖好瓶塞，摇匀至沉淀物全部溶解为止。

（2）吸取 100mL 经过上述处理的水样，注入 250mL 碘量瓶中，用 0.025 N 硫代硫酸钠标准溶液滴定至溶液呈淡黄色时，加入 1mL 0.5% 淀粉溶液，继续滴定至蓝色褪尽为止，记录用量（$V$）。

## 六、计算方法

计算公式为：

$$DO = \frac{M \times V \times 8 \times 1\ 000}{V_{水}}$$

$$DO\text{ 饱和百分率}=\frac{\text{水样溶解氧含量（mg/L）}}{\text{采样时水温下，氧在水中的溶解度（mg/L）}}\times100\%$$

式中，$M$ 为硫代硫酸钠标准溶液的浓度，mol/L；$V$ 为滴定时消耗的硫代硫酸钠标准溶液的体积，mL；8 为氧原子摩尔质量，g/mol；$V_水$ 为水样体积，mL。

# 实训七　氨氮的测定

水中氨氮的测定方法，通常有纳氏比色法、苯酚-次氯酸盐（或水杨酸-次氯酸盐）比色法和电极法等。纳氏试剂比色法具有操作简便、灵敏等特点。水中钙、镁和铁等金属离子、硫化物、醛和酮类、颜色以及浑浊等干扰测定，需做相应的预处理。苯酚-次氯酸盐比色法具有灵敏、稳定等优点，干扰情况和消除方法同纳氏试剂比色法。电极法通常不需要对水样进行预处理并具有测量范围宽等优点。氨氮含量较高时，尚可采用蒸馏-酸滴定法。

## 一、样品采集及预处理

### 1. 水样保存

水样中的氨氮极不稳定，除加入适合的保存剂并且在冷藏条件下运输，还必须在最短时间内完成分析。水样采集在聚乙烯瓶或玻璃瓶内，并应尽快分析，必要时可加硫酸将水样酸化至 pH＜2，于 2～5℃下存放。酸化样品应注意防止吸收空气中的氮而遭污染。

### 2. 水样预处理

水样带色或浑浊以及含其他一些干扰物质，影响氨氮的测定。在分析时需做适当的预处理。对较清洁的水，可采用絮凝沉淀法；对污染严重的水或工业废水，则以蒸馏法消除干扰。

（1）絮凝沉淀法　加适量的硫酸锌于水样中，并加氢氧化钠使样品呈碱性，生成氢氧化锌沉淀，再经过滤去除颜色和浑浊等。

取 100mL 水样于具塞量筒或比色管中，加入 1mL 10％硫酸锌溶液〔质量体积分数($m/V$)〕和 0.1～0.2mL 25％氢氧化钠溶液，调节 pH 至 10.5 左右，混匀。放置使沉淀，用经无氨水充分洗涤过的中速滤纸过滤，弃去初滤液 20mL。

10％（质量体积分数）硫酸锌溶液：称取 10g 硫酸锌溶于水，定容至 100mL。

25％氢氧化钠溶液：称取 25g 氢氧化钠溶于水，定容至 100mL，贮于聚乙烯瓶中。

（2）蒸馏法

①蒸馏装置的预处理　加 250mL 水于凯氏烧瓶中，加 0.25g 轻质氧化镁和数粒玻璃珠，加热蒸馏，至馏出液不含氨为止，弃去瓶内残渣。

②分取 250mL 水样（如氨氮含量较高，可分取适量并加水至 250mL，使氨氮含量不超过 2.5mg），移入凯氏烧瓶中，加数滴 0.05％溴百里酚蓝指示液（pH 6.0～7.6），用氢氧化钠溶液或盐酸溶液调至 pH 7 左右。加入 0.25g 轻质氧化镁（将氧化镁在 500℃下加热，以除去碳酸盐）和数粒玻璃珠，立即连接定氮球和冷凝管，导管下端插入吸收液液面下。加热蒸馏至馏出液达 200mL 时，停止蒸馏。定容至 250mL（图 4-7-1）。

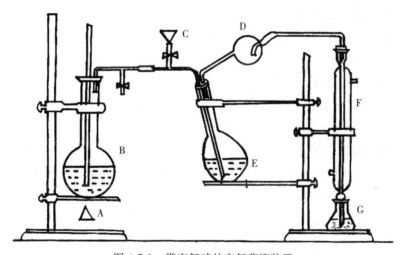

图 4-7-1　带定氮球的定氮蒸馏装置

A. 电炉　B. 圆底烧瓶　C. 漏斗　D. 定氮球　E. 凯式烧瓶　F. 冷凝管　G. 锥形瓶

③采用酸滴定法或纳氏比色法时，以 50mL 硼酸溶液（称取 20g 硼酸溶于水稀释至 1L）为吸收液；采用水杨酸-次氯酸盐比色法时，改用 50mL 0.01mol/L 硫酸溶液为吸收液。

④注意事项　蒸馏时应避免发生暴沸，否则可造成馏出液温度升高，氨吸收不完全；防止在蒸馏时产生泡沫，必要时加入少量石蜡碎片于凯氏烧瓶中；水样如含余氯，则应加入适量 0.35％硫代硫酸钠溶液，每 0.5mL 可除去 0.25mg 余氯。

## 二、原理

采用纳氏试剂比色法进行检测。碘化汞和碘化钾的碱性溶液与氨反应生成淡红棕色胶态化合物，此颜色在较宽的波长范围内具强烈吸收。通常测量用波长在 410～425nm 范围。

## 三、仪器

分光光度法、pH 计。

## 四、试剂（配制试剂用水应为无氨水）

**1. 纳氏试剂**

详见空气中氨的测定中纳氏试剂的配制或者直接购买已经配制好的纳氏试剂。

**2. 酒石酸钾钠溶液**

称取 50g 酒石酸钾钠（$KNaC_4H_4O_6 \cdot 4H_2O$）溶于 100mL 水中，加热煮沸以除去氨，放冷，定容至 100mL。

**3. 铵标准贮备溶液**

称取 3.819g 经 100℃ 干燥过的氯化铵（$NH_4Cl$）溶于水中，定容至 1 000mL。此溶液每毫升含 1.00mg 氨氮。

**4. 铵标准使用溶液**

移取 5.00mL 铵标准贮备液于 500mL 容量瓶中，用水稀释至标线。此溶液每毫升含 0.010mg 氨氮。

## 五、操作步骤

**1. 校准曲线的绘制**

按照表 4-7-1 配制标准系列管。

**表 4-7-1　标准系列管**

| 项目 | 1 | 2 | 3 | 4 | 5 | 6 | 7 |
|---|---|---|---|---|---|---|---|
| 铵标准使用液（mL） | 0 | 0.5 | 1.0 | 3.0 | 5.0 | 7.0 | 10.0 |
| 纯水（mL） | 50 | 49.5 | 49.0 | 47.0 | 45.0 | 43.0 | 40.0 |

加 1.0mL 酒石酸钾钠溶液，混匀。加 1.5mL 纳氏试剂，混匀。放置 10min 后，用 20mm 比色皿，以水作参比，在波长 425.0nm 处，测量吸光度。

测得的吸光度减去零浓度空白管的吸光度后，得到校正吸光度，绘制以氨氮含量（mg）对校正吸光度的校准曲线。

**2. 水样的测定**

（1）分取适量经絮凝沉淀预处理后的水样（使氨氮含量不超过 0.1mg），加入 50mL 比色管中，稀释至标线，加 1.0mL 酒石酸钾钠溶液。

（2）分取适量经蒸馏预处理后的馏出液，加入 50mL 比色管中，加一定量 1mol/L 氢氧化钠溶液以中和硼酸，稀释至标线。加 1.5mL 纳氏试剂，混匀。放置 10min 后，同校准曲线步骤测量吸光度。

**3. 空白实验**

以无氨水代替水样，作全程序空白测定。

## 六、计算

由水样测得的吸光度减去空白实验的吸光度后，从校准曲线上查得氨氮含量（mg/L）。

$$氨氮 = \frac{m}{V} \times 1\,000$$

式中，$m$ 为由校准曲线查得的氨氮量，mg；$V$ 为水样体积，mL。

## 七、注意事项

（1）纳氏试剂中碘化汞与碘化钾的比例对显色反应的灵敏度有较大影响。静置后生成的沉淀应除去。

（2）滤纸中常含有痕量铵盐，使用时注意用无氨水洗涤。所用玻璃器皿应避免实验室空气中氨的污染。

# 实训八　亚硝酸盐氮的测定

水中亚硝酸盐（$NO_2^--N$）是水体被有机物污染的指标之一。它是氮循环的中间产物，不稳定。根据水循环条件，可被氧化成硝酸盐，也可被还原成氨。亚硝酸盐可使人体正常的血红蛋白（低铁血红蛋白）氧化成为高铁血红蛋白，发生高铁血红蛋白症，失去血红蛋白在体内输送氧的能力，出现组织缺氧的症状。亚硝酸盐可与仲胺类反应生成具致癌性的亚硝胺类物质，在 pH 较低的酸性条件下，有利于亚硝胺类的形成。

水中亚硝酸盐的测定方法通常采用重氮-偶联反应，生成红紫色染料。方法灵敏、选择性强。所用重氮和偶联试剂种类较多，最常用的，前者为对氨基苯磺酰胺和对氨基苯磺酸，后者为 N-（1-萘基）-乙二胺和 α-萘胺。

亚硝酸盐在水中因受微生物等作用而很不稳定,在采集后应尽快进行分析,必要时以冷藏抑制微生物的影响。

## 一、原理

N-(1-萘基)-乙二胺光度法(GB 7493—1987),在磷酸介质中,pH 为(1.8±0.3)时,亚硝酸盐与对氨基苯磺酰胺反应,生成重氮盐,再与 N-(1-萘基)-乙二胺偶联生成红色染料,在 540nm 波长处有最大吸收。

## 二、适用范围

本方法适用于饮用水、地面水、地下水、生活污水和工业废水中亚硝酸盐的测定。最低检出浓度为 0.003mg/L;测定上限为 0.20mg/L。

## 三、仪器

分光光度计。

## 四、试剂

实验用水均为不含亚硝酸盐的水。

**1. 无亚硝酸盐的水**

于蒸馏水中加少许高锰酸钾晶体,使呈红色,再加氢氧化钡(或氢氧化钙)使呈碱性。置全玻璃蒸馏器中蒸馏,弃去 50mL 初馏液,收集中间约70%不含锰的馏出液。也可于每升蒸馏水中加 1mL 浓硫酸和 0.2mL 硫酸锰溶液,加入 1~3mL 0.04%高锰酸钾溶液至呈红色,重蒸馏。

**2. 磷酸**($\rho=1.70$g/mL)。

**3. 显色剂**

于 500mL 烧杯内,加入 250mL 水和 50mL 磷酸,加入 20.0g 对氨基苯磺酰胺。再将 1g N-(1-萘基)-乙二胺二盐酸盐溶于上述溶液中,转移至 500mL容量瓶中,用水定容至标线,混匀。此溶液贮于棕色瓶中,保存在 2~5℃,至少可稳定一个月。本试剂有毒性,避免与皮肤接触或吸入体内。

**4. 亚硝酸盐氮标准贮备液**

称取 1.232g 亚硝酸钠($Na_2NO_2$),溶于 150mL 水中,转移至 1 000mL容量瓶中,用水定容至标线。每毫升含约 0.25mg 亚硝酸盐氮。此溶液需要标定,标定后贮于棕色瓶中,加入 1mL 三氯甲烷,保存在 2~5℃,至少稳定一个月。贮备液的标定方法如下:

在 300mL 具塞锥形瓶中，移入 50mL 0.050mol/L 高锰酸钾溶液，5mL 浓硫酸，用 50mL 无分度吸管，下端插入高锰酸钾溶液液面下，加入 50mL 亚硝酸钠标准贮备液，轻轻摇匀，置于水浴中加热至 70～80℃，按每次 10mL 的量加入足够的草酸钠标准溶液，使红色褪去并过量，记录草酸钠标准溶液用量（$V_2$）。然后用高锰酸钾标准溶液滴定过量草酸钠至溶液呈微红色，记录高锰酸钾标准溶液总用量（$V_1$）。

再以 50mL 水代替亚硝酸盐氮标准贮备液，如上操作，用草酸钠标准溶液标定高锰酸钾溶液的浓度（$C_1$）。按下式计算高锰酸钾标准溶液浓度：

$$C_1 = 0.05 \times V_4 / V_3$$

按下式计算亚硝酸盐氮标准贮备液的浓度：

$$亚硝酸盐氮 = (V_1 \times C_1 - 0.05 \times V_2) \times 7 \times 1\,000/50$$
$$= 140 \times V_1 \times C_1 - 7 \times V_2$$

式中，$C_1$ 为经标定的高锰酸钾标准溶液的浓度，mol/L；$V_1$ 为滴定亚硝酸盐氮标准贮备液时，加入高锰酸钾标准溶液总量，mL；$V_2$ 为滴定亚硝酸盐氮标准贮备液时，加入草酸钠标准溶液总量，mL；$V_3$ 为滴定水时，加入高锰酸钾标准溶液总量，mL；$V_4$ 为滴定空白时，加入草酸钠标准溶液总量，mL；7 为亚硝酸盐氮（1/2 N）的摩尔质量，g/mol；50 为亚硝酸盐标准贮备液取用量，mL；0.05 为草酸钠标准溶液浓度，mol/L。

**5. 亚硝酸盐氮标准中间液**

分取适量亚硝酸盐标准贮备液（使含 12.5mg 亚硝酸盐氮），置于 250mL 容量瓶中，用水定容至标线。此溶液每毫升含 50$\mu$g 亚硝酸盐氮。中间液贮于棕色瓶内，保存在 2～5℃，可稳定 1 周。

**6. 亚硝酸盐标准使用液**

取 10mL 亚硝酸盐标准中间液，置于 500mL 容量瓶中，用水定容至标线。每毫升含 1$\mu$g 亚硝酸盐氮。此溶液使用当天配制。

**7. 氢氧化铝悬浮液**

溶解 125g 硫酸铝钾 [KAl (SO$_4$)$_2$・12H$_2$O] 或硫酸铝铵 [NH$_4$ Al (SO$_4$)$_2$・12H$_2$O] 于 1 000mL 水中，加热至 60℃，在不断搅拌下徐徐加入 55mL 氨水，放置约 1h 后，移入 1 000mL 量筒内，用水反复洗涤沉淀，最后至洗涤液中不含亚硝酸盐为止。澄清后，把上清液尽量全部倾出，只留稠的悬浮物，最后加入 300mL 水，使用前应振荡均匀。

**8. 高锰酸钾标准溶液**（0.050mol/L）

溶解 1.6g 高锰酸钾于 1 200mL 水中，煮沸 0.5～1h，使体积减少到

1 000mL左右，放置过夜。用 G-3 号玻璃砂芯滤器过滤后，滤液贮存于棕色试剂瓶中避光保存，按 4 中方法标定。

**9. 草酸钠标准溶液**（0.05mol/L $Na_2C_2O_4$）

溶解经 105℃烘干 2h 的优级纯无水草酸钠 3.350g 于 750mL 水中，移入 1 000mL 容量瓶中，定容至标线。

## 五、操作步骤

### 1. 校准曲线的绘制

按照表 4-8-1 配制标准系列管。

**表 4-8-1　亚硝酸盐标准系列管**

| 亚硝酸盐标准使用液（mL） | 0 | 1.00 | 3.00 | 5.00 | 7.00 | 10.00 |
|---|---|---|---|---|---|---|
| 水（mL） | 50.00 | 49.00 | 47.00 | 45.00 | 43.00 | 40.00 |

加入 1.0mL 显色剂，密塞，混匀。静置 20min 后，在 2h 以内，于波长 540nm 处，用光程长 10mm 比色皿，以水为参比，测量吸光度。从测得的吸光度，减去零浓度空白管的吸光度后，获得校正吸光度，绘制以氮含量（μg）对校正吸光度的校准曲线。

### 2. 水样的测定

（1）水样的干扰及消除　当水样 pH≥11 时，可加入 1 滴酚酞指示液，边搅拌边逐滴加入（1+9）磷酸溶液，至红色刚消失。

水样如有颜色和悬浮物，可向每 100mL 水中加入 2mL 氢氧化铝悬浮液，搅拌，静置，过滤，弃去 25mL 初滤液。

（2）分取经预处理的水样入 50mL 比色管中（如含量较高，则分取适量，用水稀释至标线），加 1.0mL 显色剂，然后按校准曲线绘制的相同步骤操作，测量吸光度。经空白校正后，从校准曲线上查得亚硝酸盐氮量。

### 3. 空白实验

用实验用水代替水样，按相同步骤进行全程序测定。

## 六、计算

计算公式为：

$$亚硝酸盐氮 = m/V$$

式中，$m$ 为由水样测得的校正吸光度并从校准曲线上查得的相应亚硝酸盐氮的量，$\mu g$；$V$ 为水样的体积，mL。

## 七、注意事项

（1）如水样经预处理后还有颜色时，则分取两份体积相同的经预处理的水样，一份加 1.0mL 显色剂，另一份改加 1mL（1+9）磷酸溶液。由加显色剂的水样测得的吸光度，减去空白实验测得的吸光度，再减去改加磷酸溶液所测得的吸光度后，获得校正吸光度，以进行色度校正。

（2）显色试剂除以混合液形式加入外，也可分别配制并依次加入，具体方法如下：

对氨基苯磺酰胺溶液：称取 5g 对氨基苯磺酰胺（磺胺），溶于 50mL 浓盐酸和约 350mL 水的混合液中，定容至 500mL。此溶液稳定。

N-（1-萘基）-乙二胺盐酸盐溶液：称取 500mg N-（1-萘基）-乙二胺盐酸盐溶于 500mL 水中，贮于棕色瓶内，置冰箱中保存。当色泽明显加深时，应重新配制，如有沉淀则过滤。

于 500mL 水样（或标准管）中，加入 1.0mL 对氨基苯磺酰胺溶液，混匀。放置 2~8min，加 1.0mLN-（1-萘基）-乙二胺盐酸盐溶液，混匀。放置 10min 后，在 543nm 波长测量吸光度。

# 实训九 硝酸盐的测定

水中硝酸盐氮的测定采用酚二磺酸分光光度法；本方法适用于测定硝酸盐氮浓度范围在 0.02~2.0mg/L。浓度更高时，可分取较少的样品测定。

## 一、原理

硝酸盐在无水情况下与酚二磺酸反应，生成硝基二磺酸酚，在碱性溶液中，生成黄色化合物，于 410nm 波长处使用分光光度计测定。

## 二、试剂

所用试剂除另有说明外，均为分析纯试剂；实验中所用的水，均应为蒸馏水或同等纯度的水。

**1. 硫酸**（$\rho=1.84g/mL$）。

**2. 发烟硫酸**（$H_2SO_4 \cdot SO_3$）

含 13％三氧化硫（$SO_3$）。

发烟硫酸在室温较低时凝固取用，可先在 40～50℃ 隔水水浴中加温使之融化，不能将盛装发烟硫酸的玻璃瓶直接置入水浴中，以免瓶裂引起危险。发烟硫酸中含三氧化硫（$SO_3$）浓度超过 13％ 时，可用硫酸按计算量进行稀释。

**3. 酚二磺酸**

称取 25g 苯酚置于 500mL 锥形瓶中，加 150mL 硫酸使之溶解，再加 75mL 发烟硫酸，充分混合，瓶口插一小漏斗，置瓶于沸水中加热 2h，得淡棕色稠液，贮于棕色瓶中，密塞保存。

当苯酚色泽变深时，应进行蒸馏精制。无发烟硫酸时，也可用硫酸代替，但应增加在沸水浴中的加热 6h，制得的试剂尤应注意防止吸收空气中的水分，以免因硫酸浓度的降低，影响硝基化反应的进行，使测定结果偏低。

**4. 氨水**（$NH_3 \cdot H_2O$）（$\rho = 0.90g/mL$）。

**5. 硝酸盐氮标准溶液**（$C_N = 100mg/L$）。

将 0.721 8g 经 105～110℃ 干燥 2h 的硝酸钾（$KNO_3$）溶于水中，移入 1 000mL 容量瓶中，用水定容到标线，混匀，加 2mL 氯仿作保存剂，至少可稳定 6 个月。每毫升本标准溶液含 0.10mg 硝酸盐氮。

**6. 硝酸盐氮标准溶液**（$C_N = 10.0mg/L$）。

吸取 50.0mL 硝酸盐氮标准溶液（$C_N = 100mg/L$），置蒸发皿中，加氢氧化钠溶液调至 pH 8，在水浴锅上蒸发至干。加 2mL 酚二磺酸试剂，用玻璃棒研磨蒸发皿内壁，使残渣与试剂充分接触，放置片刻，重复研磨一次，放置 10min，加入少量水，定量移入 500mL 容量瓶中，加水至标线，混匀。每毫升标准溶液含 0.01mg 硝酸盐氮。储于棕色瓶中，此溶液至少稳定 6 个月。

本溶液应同时制备两份，如发现浓度存在差异时，应重新吸取硝酸盐氮标准溶液（$C_N = 100mg/L$）进行制备。

**7. 硫酸银溶液**

称取 4.397 8g 硫酸银（$Ag_2SO_4$）溶于水，定容至 1 000mL。1mL 此溶液可去除 1mg 氯离子（$Cl^-$）。

**8. 0.5mol/L 硫酸溶液**

取 2.8mL 浓硫酸，加入适量纯水中，并定容至 100mL。

**9. 0.1mol/L 氢氧化钠溶液**

称取 4.0g NaOH 放在烧杯中溶解，冷却后将溶液转移至容量瓶中，定容至 1L 即可。

不能将氢氧化钠直接放入容量瓶中直接溶解，以免损坏仪器使度量不准。

**10. EDTA 二钠溶液**

称取 50g EDTA 二钠盐的十二水合物（$C_{10}H_{14}N_2O_3Na_2 \cdot 12H_2O$），溶于 20mL 水中，使调成糊状，加入 60mL 氨水充分混合，使之溶解。

**11. 氢氧化铝悬浮物**

称取 125g 硫酸铝钾 $[KAl(SO_4)_2 \cdot 12H_2O]$ 或硫酸铝铵 $[NH_4Al(SO_4)_2 \cdot 12H_2O]$ 溶于 1L 水中，加热到 60℃，在不断搅拌下徐徐加入 55mL 氨水，使生成氢氧化铝沉淀，充分搅拌后放置，弃去上清液。反复用水洗涤沉淀，至倾出液无氯离子和铵盐。最后加入 300mL 水使成悬浮液。使用前振摇均匀。

**12. 高锰酸钾溶液**（3.16g/L）。

## 三、仪器

75～100mL 瓷蒸发皿、50mL 具塞比色管、分光光度计（适用于测量波长 410nm，并配有光程 10nm 和 30nm 的比色皿）。

## 四、采样和样品

按照国家标准规定及根据待测水的类型提出的建议进行采样。实验室样品可贮存在玻璃瓶或聚乙烯瓶中。硝酸盐氮的测定应在水样采集后立即进行，必要时，应保存在 4℃下，但不得超过 24h。

## 五、步骤

**1. 试样体积的选择**

最大试样体积为 50mL，可测定硝酸盐氮浓度至 2.0mg/L。

**2. 空白实验**

取 50mL 水，以与试样测定完全相同的步骤、试剂和用量，进行平行操作。

**3. 干扰的排除**

（1）带色物质　取 100mL 试样移入 100mL 具塞量筒中，加 2mL 氢氧化铝悬浮液，密塞充分振摇，静置数分钟澄清后过滤，弃去最初滤液的 20mL。

（2）氯离子　取 100mL 试样移入 100mL 具塞量筒中，根据已测定的氯离子含量，加入相当量的硫酸银溶液，充分混合，在暗处放置 30min，使氯化银沉淀凝聚，然后用慢速滤纸过滤，弃去最初滤液的 20mL。

如不能获得澄清滤液，可将已加过硫酸银溶液后的试样在近80℃的水浴中加热，并用力振摇，使沉淀充分凝聚，冷却后再进行过滤。如同时需去除带色物质，则可在加入硫酸银溶液并混匀后，再加入2mL氢氧化铝悬浮液，充分振摇，放置片刻待沉淀后过滤。

（3）亚硝酸盐　当亚硝酸盐氮含量超过0.2mg/L时，可取100mL试样，加1mL硫酸溶液，混匀后，滴加高锰酸钾溶液，至淡红色保持15min不褪为止，使亚硝酸盐氧化为硝酸盐，最后从硝酸盐氮测定结果中减去亚硝酸盐氮量。

**4. 测定**

（1）蒸发　取50.0mL试样入蒸发皿中，用pH试纸检查，必要时用硫酸溶液或氢氧化钠溶液调节至微碱性（pH≈8），置水浴上蒸发至干。

（2）硝化反应　加1.0mL酚二磺酸试剂，用玻璃棒研磨，使试剂与蒸发皿内残渣充分接触，放置片刻，再研磨一次，放置10min，加入约10mL水。

（3）显色　在搅拌下加入3～4mL氨水，使溶液呈现最深的颜色。如有沉淀产生，过滤；或滴加EDTA二钠溶液，并搅拌至沉淀溶解。将溶液移入比色管中，用水稀释至标线，混匀。

（4）分光光度测定　于410nm波长，选用合适光程长的比色皿，以水为参比，测定溶液的吸光度。

**5. 校准**

（1）校准系列的制备　用分度吸管向一组10支50mL比色管中，加入硝酸盐氮标准溶液，所加体积如表4-9-1，加水至约40mL，加3mL氨水使呈碱性，再加水至标线，混匀。

（2）校准曲线的绘制　由除零管外的其他校准系列测得的吸光度值减去零管的吸光度值，分别绘制不同比色皿光程长的吸光度对硝酸盐氮含量（mg）的校准曲线。

表4-9-1　校准系列中所用硝酸盐氮标准溶液（$C_N = 10.0mg/L$）体积

| 标准溶液体积（mL） | 0 | 0.10 | 0.30 | 0.50 | 0.70 | 1.00 | 3.00 | 5.00 | 7.00 | 10.00 |
|---|---|---|---|---|---|---|---|---|---|---|
| 硝酸盐氮含量（mg） | 0 | 0.001 | 0.003 | 0.005 | 0.007 | 0.010 | 0.030 | 0.050 | 0.070 | 0.10 |
| 比色皿光程长（mm） | 10、30 | 30 | 30 | 30 | 30 | 10、30 | 10 | 10 | 10 | 10 |

## 六、结果计算

（1）试份中硝酸盐氮的吸光度 $A_r$ 用下式计算：

$$A_r = A_s - A_o$$

式中，$A_s$ 为试样溶液的吸光度；$A_o$ 为空白实验溶液的吸光度。

对某种特定样品，$A_s$ 和 $A_o$ 应在同一种光程长的比色皿中测定。

（2）硝酸盐氮含量 $C_N$（mg/L）

①未经去除氯离子的试样，按下式计算：

$$C_N = m/V \times 1\ 000$$

式中，$m$ 为硝酸盐氮质量，mg；$V$ 为试样体积，mL；1 000 为换算为每升试样系数。

②经去除氯离子的试样，按下式计算；

$$C_N = m/V \times 1\ 000 \times (V_1 + V_2)\ /V_1$$

式中，$V_1$ 为去除氯离子的试样取用量，mL；$V_2$ 为硫酸银溶液加入量，mL。

# 实训十　氯化物的测定

氯化物（$Cl^-$）是水和废水中一种常见的无机阴离子。几乎所有的天然水中都有氯离子存在，而且它的含量范围变化很大。在河流、湖泊、沼泽地区，氯离子含量一般较低，而在海水、盐湖及某些地下水中，含量可高达每升数十克。氯化物有很重要的生理作用及工业用途，在生活污水和工业废水中，均含有相当数量的氯离子。

若饮水中氯离子含量达到 250mg/L，相应的阳离子为钠时，会感觉到咸味；水中氯化物含量高时，会损害金属管道和构筑物，并妨碍植物的生长。

氯离子的检测有四种通用的方法可供选择：①硝酸银滴定法；②硝酸汞滴定法；③电位滴定法；④离子色谱法。①法和②法所需仪器设备简单，在许多方面类似，可以任意选用。②法的终点比较易于判断；③法适用于带色或浑浊水样；④法能同时快速灵敏地测定包括氯化物在内的多种阴离子，具备仪器条件时可以选用。

## 【方法一】硝酸银滴定法

## 一、原理

在中性或弱碱性溶液中，以铬酸钾为指示剂，用硝酸银滴定氯化物时，由于氯化银的溶解度小于铬酸根离子的溶解度，氯离子首先被完全沉淀后，铬酸根离子才以铬酸银形式沉淀出来，产生砖红色，指示氯离子滴定的终点。沉淀滴定反应如下：

$$Ag^+ + Cl^- \rightarrow AgCl\downarrow$$
$$2\,Ag^+ + CrO_4^{2-} \rightarrow Ag_2CrO_4\downarrow$$

铬酸根离子的浓度，与沉淀形成的迟早有关，必须加入足量的指示剂。且由于有稍过量的硝酸银与铬酸钾形成铬酸银沉淀的终点较难判断，所以需要以蒸馏水作空白滴定，以作对照判断（使终点色调一致）。

## 二、适用范围

适用的浓度范围为 $10\sim500$mg/L。高于此范围的样品，经稀释后可以扩大其适用范围；低于 10mg/L 的样品，滴定终点不易掌握，建议采用硝酸汞滴定法。

## 三、仪器

250mL 锥形瓶；50mL 棕色酸式滴定管。

## 四、试剂

### 1. 0.014 1mol/L 氯化钠标准溶液

将氯化钠置于坩埚内，在 $500\sim600$℃加热 $40\sim50$min。冷却后称取 8.240 0g 溶于蒸馏水，置 1 000mL 容量瓶中，用水定容至标线。吸取 10.0mL，用水定容至 100mL，此溶液每毫升含 0.500mg 氯化物（$Cl^-$）。

### 2. 0.014 1mol/L 硝酸银标准溶液

称取 2.395g 硝酸银，溶于蒸馏水并定容至 1 000mL，贮存于棕色瓶中。用氯化钠标准溶液标定其准确浓度，步骤如下：

吸取 25.0mL 氯化钠标准溶液置 250mL 锥形瓶中，加纯水 25mL。另取一锥形瓶，吸取 50mL 水作空白。各加入 1mL 铬酸钾指示剂，在不断摇动下用硝酸银标准溶液滴定，至砖红色沉淀刚刚出现为止。每毫升硝酸银相当于氯化物（$Cl^-$）的毫克数可由下式表示。

$$W_{Cl^-} = 25 \times 0.5 / (V_2 - V_1)$$

式中，$W_{Cl^-}$ 为每毫升硝酸银相当于氯化物（$Cl^-$）的毫克数，mg；$V_2$ 为氯化钠标准溶液所消耗硝酸银标准溶液量，mL；$V_1$ 为空白溶液所消耗硝酸银标准溶液量，mL。

**3. 铬酸钾指示液**

称取 5g 铬酸钾（$K_2CrO_4$）溶于少量纯水中，滴加上述硝酸银至有红色沉淀生成，摇匀。静置过夜（12h）后过滤，将过滤液用纯水稀释至 100mL。

**4. 酚酞指示液**

称取 0.5g 酚酞，溶于 50mL 95％乙醇中，加入 50mL 水，再滴加 0.05mol/L 氢氧化钠溶液使溶液呈现微红色。

**5. 0.025mol/L 硫酸溶液**

吸取 1.4mL 浓硫酸，加入纯水中，并定容至 1 000mL。

**6. 0.05mol/L 氢氧化钠溶液**

称取 0.2g 氢氧化钠，溶于水中并定容至 100mL。

**7. 氢氧化铝悬浮液**

溶解 125g 硫酸铝钾〔$KAl(SO_4)_2 \cdot 12H_2O$〕或硫酸铝铵〔$NH_4 Al(SO_4)_2 \cdot 12H_2O$〕于 1 000mL 蒸馏水中，加热至 60℃，然后边搅拌边缓缓加入 55mL 浓氨水，使之生成氢氧化铝沉淀，充分反应后静置约 1h 后弃去上清液，用倾斜法反复洗涤沉淀物，直到洗滤液不含氯离子为止（用硝酸银检定）。最后加入 300mL 纯水呈悬浮液。使用前摇匀。

**8. 30％过氧化氢（$H_2O_2$）。**

## 五、操作步骤

**1. 样品预处理**

采集代表性水样，放在干净而化学性质稳定的玻璃瓶或聚乙烯瓶内。存放时不必加入特别的保存剂。若无以下各种干扰，此预处理步骤可省略。

（1）如水样带有颜色，则取 150mL 水样，置于 250mL 锥形瓶内，或取适当的水样稀释至 150mL。加入 2mL 氢氧化铝悬浮液，振荡过滤，弃去最初滤出的 20mL。

（2）如果水样有机物含量高或色度大，用（1）法不能消除其影响时，可采用蒸干后灰化法预处理。取适量废水样于坩埚内，调节 pH 至 8～9，在水浴上蒸干，置于马弗炉中在 600℃灼烧 1h，取出冷却后，加 10mL 水使溶解，移入 250mL 锥形瓶，调节 pH 至 7 左右，稀释至 50mL。

（3）如果水样中含有硫化物、亚硫酸盐或硫代硫酸盐，则加氢氧化钠溶液将水调节至中性或弱碱性，加入 1mL 30％过氧化氢，摇匀。1min 后，加热至 70～80℃，以除去过量的过氧化氢。

（4）如果水样的高锰酸钾指数超过 15mg/L，可加入少量高锰酸钾晶体，煮沸。加入数滴乙醇以除去多余的高锰酸钾，再进行过滤。

**2. 样品测定**

（1）取 50mL 水样或经过处理的水样（若氯化物含量高，可取适量水样用水稀释至 50mL）置于锥形瓶中，另取一锥形瓶加入 50mL 水作空白。

（2）如水样的 pH 在 6.5～10.5 范围时，可直接滴定；超出此范围的水样应以酚酞（2 滴）作指示剂，用 0.025mol/L 硫酸溶液或 0.2％氢氧化钠溶液调节至 pH 为 8.0 左右（溶液无色）。

（3）加入 1mL 铬酸钾溶液，用硝酸银标准溶液滴定至砖红色沉淀刚刚出现即为终点（$V_2$）。同时作空白滴定（$V_1$）。

# 六、计算

计算公式为：

$$氯化物 = （V_2 - V_1）\times 0.50 \times 1\,000/V$$

式中，$V_1$ 为蒸馏水消耗硝酸银标准溶液体积，mL；$V_2$ 为水样消耗硝酸银标准溶液体积，mL；$M$ 为硝酸银标准溶液浓度，mol/L；$V$ 为水样体积，mL。

# 七、注意事项

（1）本法滴定不能在酸性溶液中进行。在酸性介质中 $CrO_4^{2-}$ 按下式反应而使浓度大大降低，影响滴定反应达到完全时 $Ag_2CrO_4$ 沉淀的生成。

$$2CrO_4^{2-} + 2H^+ \rightarrow 2HCrO_4^- \rightarrow Cr_2O_7^{2-} + 2H_2O$$

本法也不能在强碱性介质中进行。因为 $Ag^+$ 将形成 $Ag_2O$ 沉淀。其适应的 pH 范围为 6.5～10.5，测定时应注意调节。

（2）铬酸钾溶液的浓度影响终点到达的迟早。在 50～100mL 滴定液中加入 5％（质量体积分数）铬酸钾溶液 1mL，使（$CrO_4^{2-}$）为 $2.6 \times 10^{-3}$～$5.2 \times 10^{-3}$ mol/L。在滴定终点时，硝酸银加入量略过终点，误差不超过 0.1％，可用空白测定消除。

（3）对于矿化度很高的咸水或海水的测定，可采用下述方法扩大其测定范围：

①提高硝酸银标准溶液的浓度至每毫升标准溶液可作用于 2～5mg 氯化物。

②对样品进行稀释，稀释度可参考表 4-10-1。

### 表 4-10-1 高矿化度样品稀释参考

| 相对密度（g/mL） | 稀释度 | 相当取样量（mL） |
| --- | --- | --- |
| 1.000~1.010 | 不稀释，取 50mL 滴定 | 50 |
| 1.010~1.025 | 不稀释，取 25mL 滴定 | 25 |
| 1.025~1.050 | 25mL 稀释至 100mL，取 50mL | 12.5 |
| 1.025~1.090 | 25mL 稀释至 100mL，取 25mL | 6.25 |
| 1.090~1.120 | 25mL 稀释至 500mL，取 25mL | 1.25 |
| 1.120~1.150 | 25mL 稀释至 1 000mL，取 25mL | 0.625 |

# 【方法二】硝酸汞滴定法

## 一、原理

酸化了的样品（pH 3.0~3.5）以硝酸汞进行滴定时，与氯化物生成难离解的氯化汞。滴定至终点时，过量的汞离子与二苯卡巴腙生成蓝紫色的二苯卡巴腙的汞络合物指示终点。

## 二、适用范围

本法适用的浓度范围为 2.5~500mg/L。

## 三、仪器

250mL 锥形瓶、1mL 和 5mL 微量滴定管。

## 四、试剂

（1）氯化钠标准溶液（0.025 0mol/L）　称取经过 600℃灼烧 1h 的氯化钠 1.461 3g 溶于蒸馏水中，移入 1 000mL 容量瓶中定容至标线。

（2）氯化钠标准溶液（0.014 1mol/L）　见硝酸银法。

（3）硝酸汞标准溶液（0.025mol/L）　溶解 4.283g 硝酸汞［Hg（NO$_3$）$_2$·H$_2$O］于 50mL 用 0.5mL 浓硝酸酸化了的蒸馏水中，移入 1 000mL 容量瓶中，用蒸馏水定容至标线。必要时过滤，以 0.025 0mol/L 氯化钠标准溶液标定之。贮存于棕色瓶中。

（4）硝酸汞标准溶液（0.014 1mol/L）　溶解 2.42g 硝酸汞［Hg（NO$_3$）$_2$·H$_2$O］于 25mL 用 0.25mL 浓硝酸酸化了的蒸馏水中，移入 1 000mL容量瓶中，用蒸馏水定容至标线。必要时过滤，以 0.014 1mol/L 氯化钠标准溶液标定之。贮存于棕色瓶中。

（5）混合指示液　溶解 0.5g 结晶二苯卡巴腙和 0.05g 溴酚蓝粉末于 75mL 95％乙醇稀释至 100mL。贮存于棕色瓶中，可保存 6 个月。

（6）3％硝酸溶液。

（7）1％（质量体积分数）氢氧化钠溶液。

（8）30％过氧化氢。

（9）1％（质量体积分数）对苯二酚溶液　溶解 1g 对苯二酚于水中，用水定容至 100mL。

## 五、操作步骤

### 1. 样品预处理

如无以下各种干扰，此步骤可省去。

（1）若水样含有硫化物或颜色，则按硝酸银滴定法处理水样。

（2）若水样含有高铁离子或铬酸盐离子，可加入 2mL 新配制的对苯二酚溶液。

### 2. 样品测定

（1）取 50mL 水样或经过预处理的水样置于锥形瓶中，另取一锥形瓶加入 50mL 蒸馏水作空白实验。

（2）加 5～10 滴混合指示液，摇匀。

（3）若试样呈蓝色或红色，则滴加 3％硝酸溶液直到溶液转变为黄色后，再多加 1mL。

（4）若试样加指示液后立即出现黄色，则滴加 1％氢氧化钠溶液至溶液变为蓝色后，逐滴加入硝酸溶液，按上述（3）法调节酸度。

（5）用 0.025mol/L 硝酸汞标准溶液滴定至蓝紫色即为终点。若氯化物浓度小于 2.5mg/L，则改用 0.014 1mol/L 硝酸汞标准溶液滴定，并使用容量为 1mL 的微量滴定管进行。若氯化物浓度小于 0.1mg/L，则取适量水样浓缩至大于 2.5mg/L 后滴定。用同法滴定一个蒸馏水空白。

## 六、计算

同硝酸银滴定法。

## 七、注意事项

（1）应严格掌握 pH，酸度过大，硝酸汞络合氯离子的能力下降，使测定结果偏高；反之，在溶液中尚有较多氯离子时即生成有色络合物，又会使结果偏低。为此，必须严格并仔细调节 pH 3.0～3.5。由于硝酸汞标准溶液 pH 较低，因此滴定液的加入量最好不超过 5mL。

（2）按氯化物浓度范围选用硝酸汞标准溶液浓度，以便控制滴定量并扩大测定浓度范围。按表 4-10-2 执行。

表 4-10-2　对于不同氯化物浓度范围选择标准溶液的参考

| 氯化物浓度（mg/L） | 硝酸汞浓度（mol/L） |
| --- | --- |
| ≥20 | 0.141 |
| 5.0～20 | 0.025 |
| 2.5～5.0 | 0.014 1 |
| <0.1（浓缩至 2.5） | 0.014 1 |

# 实训十一　氟化物的测定

水中氟化物的测定，可采用电极法、比色法和分光光度计法。电极法的适应范围较宽，浑浊度、色度较高的水样均不干扰测定。比色法适用于较清洁的水样，当干扰物质过多时，水样需预先进行蒸馏。

## 【方法一】离子选择电极法

### 一、原理

氟化镧单晶对氟离子有选择性，被电极膜分开的两种不同浓度氟溶液之间存在电位差，这种电位差通常称为膜电位。膜电位的大小与氟溶液的离子活度有关。

氟电极与饱和甘汞电极组成一对原电池。利用电动势与离子活度负对数值的线性关系直接求出水样中氟离子浓度。

为消除 $OH^-$ 的干扰，测定时通常将溶液 pH 控制在 5.5～6.5。

### 二、仪器

氟离子电极和饱和甘汞电极；离子活度计或精密酸度计；电磁搅拌器。

### 三、试剂

**1. 氟化物标准贮备溶液**

将氟化钠（NaF）于 105℃烘 2h，冷却后称取 0.221 0g，溶于纯水中，并定容至 100mL，贮于聚乙烯瓶中备用。此溶液 1mL 含 1mg 氟化物。

**2. 氟化物标准溶液**

将氟化物标准贮备溶液用纯水稀释成 1mL 含 10μg 氟化物的标准溶液。

**3. 离子强度缓冲液Ⅰ**

适用于干扰物浓度高的水样。称取 348.2g 柠檬酸三钠（$Na_3C_6H_5O_7 \cdot 5H_2O$），溶于纯水中，用 1+1 盐酸调节 pH 为 6，最后用纯水定容至 1 000mL。

**4. 离子强度缓冲液Ⅱ**

适用于较清洁水。称取 58g 氯化钠（NaCl）、3.48g 柠檬酸三钠（$Na_3C_6H_5O_7 \cdot 5H_2O$），量取 57mL 冰乙酸，溶于纯水中，用 10mol/L 氢氧化钠溶液调节 pH 至 5.0～5.5，最后用纯水定容至 1 000mL。

## 四、操作步骤

**1. 标准曲线法**

（1）取 10mL 水样于 50mL 烧杯中。若水样中总离子强度过高，应取少量水样稀释到 10mL。

（2）加 10mL 离子强度缓冲溶液：水样中干扰物较多时用离子强度缓冲液Ⅰ，较清洁的水样用离子强度缓冲液Ⅱ。若水样中总离子强度很低时，可以减少强度缓冲液用量。

（3）置于电磁搅拌器上，搅拌水样溶液，插入氟离子电极和甘汞电极，在不断搅拌下读取平衡电位值（指每分钟电位值改变小于 0.5mV，当氟化物浓度甚低时，约需 5min 以上），并在标准曲线查出水样中氟离子的浓度。

（4）标准曲线　按照表 4-11-1，配制标准系列管。

表 4-11-1　氟化物标准系列管

| 项目 | 1 | 2 | 3 | 4 | 5 | 6 | 7 | 8 |
|---|---|---|---|---|---|---|---|---|
| 氟化物标准溶液（mL） | 0 | 0.20 | 0.40 | 0.60 | 1.00 | 1.50 | 2.00 | 3.00 |
| 纯水（mL） | 10.00 | 9.80 | 9.60 | 9.40 | 9.00 | 8.50 | 8.00 | 7.00 |
| 浓度（mg/L） | 0 | 0.20 | 0.40 | 0.60 | 1.00 | 1.50 | 2.00 | 3.00 |

按上述步骤中相同条件测定此标准系列的电位。以电位（mV）为纵坐标，氟化物的活度（$P_F = -\log_a F^-$）为横坐标，在半对数纸上绘制标准曲线。在测定过程中，标准溶液与水样的温度应该一致。

**2. 标准加入法**

取 50mL 水样于 200mL 烧杯中，一般情况下可以加离子强度缓冲液Ⅱ后直接测定。当水样中干扰物过多时，加入 50mL 离子强度缓冲液Ⅰ。放入磁芯搅棒搅拌水样溶液，插入离子电极和饱和甘汞电极，在不断搅拌下读取平衡电位值（$E_1$，mV）。然后加入小体积（小于 0.5mL）的氟化物标准贮备溶液，再次在不断搅拌下读取平衡电位值（$E_2$，mV），$E_2$ 与 $E_1$ 应相差 30～40mV。

## 五、计算

（1）标准曲线法　氟化物含量（mg/L）可直接在校准曲线上查得。

（2）标准加入法：

$$C = C_1 V_1 (10^{\Delta E/S} - 1)^{-1} / V_2$$

式中，$C$ 为水样中氟化物（$F^-$）含量，mg/L；$C_1$ 为加入标准贮备溶液的浓度，mg/L；$V_1$ 为加入的标准贮备溶液的体积，mL；$V_2$ 为水样体积，mL；$S$ 为测定水温 $t$（℃）时的斜率，其值为 0.198 5（273＋$t$）；$\Delta E = E_2 - E_1$，mV。

# 【方法二】茜素锆比色法

## 一、原理

在酸性环境下，茜素磺酸钠与锆盐形成红色的络合物。当有氟离子时，氟离子夺取其中的锆离子，形成无色难解离的氟化锆络离子（$ZrF_6^-$），从而释放出黄色的茜素磺酸，颜色随氟化物含量的增加由红变黄，根据颜色变化进行比色定量。

## 二、仪器

50mL 具塞比色管。

## 三、试剂

**1. 氟标准溶液**

将分析纯氟化钠（NaF）于 105℃烘 2h，冷却后称取 0.221 0g 溶于纯水中，并定容至 100mL。将此溶液稀释 10 倍后变为 1.0mL 溶液中含有 10.0μg 氟化物的标准溶液。贮存于聚乙烯瓶中。

**2. 盐酸-硫酸混合液**

将 101mL 浓盐酸加至 300mL 纯水中；另取 33.3mL 浓硫酸，加至 400mL 蒸馏水中。将上述两溶液混合后放冷。

**3. 茜素磺酸钠-氧氯化锆溶液**

称取 0.30g 氧氯化锆（$ZrOCl_2 \cdot 8H_2O$）溶于 50mL 纯水中。另外，称取

0.07g 茜素磺酸钠（$Cl_4H_7O_7SNa \cdot H_2O$，又名茜素红 S），溶于 50mL 纯水中，然后将此溶液缓缓加至氧氯化锆溶液中，放置澄清。

**4. 茜素锆试剂**

将 2、3 溶液合并，再加纯水定容至 1 000mL，待溶液由红色变黄色（约 1h）后即可使用，避光低温保存 2～3 个月。

**5. 0.5% 亚砷酸钠溶液**（质量体积分数）

称取 0.5g 亚砷酸钠，溶于纯水中，并定容至 100mL。

## 四、测定步骤

（1）取 50.0mL 澄清水样置于 50mL 比色管中。如含氟超过 1.4mg/L，可取少量水样，用纯水稀释至 50mL。当有游离氯存在时能对有色络合物起漂白作用，可加入 1 滴 0.5% 亚砷酸钠溶液脱氯。

（2）按照表 4-11-2，配制标准系列管。

表 4-11-2　氟化物标准系列管

| 项目 | 1 | 2 | 3 | 4 | 5 | 6 | 7 | 8 | 9 |
|---|---|---|---|---|---|---|---|---|---|
| 氟化物标准液（mL） | 0 | 0.5 | 1.0 | 2.0 | 3.0 | 4.0 | 5.0 | 6.0 | 7.0 |
| 蒸馏水（mL） | 50.0 | 49.5 | 49.0 | 48.0 | 47.0 | 46.0 | 45.0 | 44.0 | 43.0 |

（3）将待测水样和标准溶液管放置至室温，各加 2.5mL 茜素锆溶液，混匀后放 1h，用目视法比色。

茜素锆盐与氟离子作用过程受到各种因素的影响，颜色的形成在 6～7h 后仍可能不能达到要求。因此，必须严格控制水样、空白和标准系列加入试剂的量、反应温度和放置时间。

## 五、计算方法

计算公式为：

$$C = M/V$$

式中，$C$ 为水样中氟化物（$F^-$）质量浓度，mg/L；$M$ 为相当于氟化物标准的含量，$\mu g$；$V$ 为水样体积，mL。

## 【方法三】氟试剂分光光度计法

### 一、原理

氟离子在 pH 4.1 的乙酸盐缓冲介质中，与氟试剂和硝酸镧反应，生成蓝色三元络合物（可稳定 24h），颜色的强度与氟离子浓度成正比。

## 二、仪器

分光光度计（1cm 比色皿）；50mL 具塞比色管；1 000mL 全玻璃蒸馏器。

## 三、试剂

### 1. 氟标准溶液

同方法二。

### 2. 氟试剂溶液

称取 0.385g 氟试剂（$C_{19}H_{15}NO_8$，又名茜素络合酮或 1，2-羟基蒽醌-3-甲基-N，N-二乙酸），置于少量纯水中，滴加 1mol/L 氢氧化钠溶液使之溶解。然后加入 0.125g 乙酸钠（$NaC_2H_3O_2 \cdot 3H_2O$），加纯水至 250mL。保存于棕色瓶内，置于冷暗处。

### 3. 硝酸镧溶液

称取 0.433g 硝酸镧，滴加 1∶11 盐酸溶解，用纯水定容至 500mL。

### 4. 缓冲溶液

称取 85g 乙酸钠（$NaC_2H_3O_2 \cdot 3H_2O$），溶于 800mL 纯水中。加入 60mL 冰乙酸，用纯水定容至 1 000mL。此溶液的 pH 应为 4.5，若有差异，则用乙酸钠或乙酸调节 pH 为 4.5。

### 5. 丙酮。

### 6. 0.1%酚酞溶液

称取 0.1g 酚酞（$C_{20}H_{14}O_4$），溶于 50mL 95%的乙醇中，并加纯水至 100mL。

## 四、测定步骤

### 1. 水样预处理

水样中有干扰物质时，需将水样在全玻璃蒸馏器中蒸馏。

将 400mL 纯水置于 1 000mL 蒸馏瓶中，缓缓加入 200mL 浓硫酸混匀，放入 20～30 粒玻璃珠，加热蒸馏至液体温度升高到 180℃时为止。弃去馏出液，待瓶内液体温度冷却至 120℃以下，加入 250mL 水样。

若水样中含有氯化物，蒸馏前可按每毫克氯离子加入 5mg 硫酸银的比例，加入固体硫酸银。加热蒸馏至瓶内温度接近至 180℃时为止。收集蒸馏液于 250mL 容量瓶中，加纯水至刻度。

蒸馏水样时，勿使温度超过180℃，以防硫酸过多地蒸出。连续蒸馏几个水样时，可待瓶内硫酸溶液温度降低至120℃以下，再加入另一个水样；蒸馏过一个含氟高的水样后，应在蒸馏另一个水样前加入250mL纯水；用同法蒸馏，以清除可能存留于蒸馏器中的氟化物。蒸馏瓶中的硫酸可以多次使用，直至变黑为止（图4-11-1）。

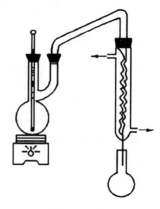

图4-11-1　水样蒸馏装置

**2. 测定**

（1）吸取25.0mL澄清水样或经蒸馏法预处理的试样液，置于50mL比色管中。如氟化物大于50$\mu$g，可取适量水样，用纯水稀释至25mL。

（2）取8个50mL具塞比色管，按照表4-11-3配制标准系列管。

表4-11-3　氟化物标准系列管的配制

| 项目 | 1 | 2 | 3 | 4 | 5 | 6 | 7 | 8 |
|---|---|---|---|---|---|---|---|---|
| 氟化物标准液（mL） | 0 | 0.5 | 1.0 | 2.0 | 3.0 | 4.0 | 5.0 | 6.0 |
| 蒸馏水（mL） | 25.0 | 24.5 | 24.0 | 23.0 | 22.0 | 21.0 | 20.0 | 19.0 |

（3）加入5mL氟试剂溶液及2mL缓冲液，混匀。

由于反应生成的蓝色三元络合物随pH增高而变深，为使标准与试样的pH一致，必要时可用酚酞指示剂调节pH到中性后再加入缓冲溶液，使各管的pH均在4.1～4.6。

（4）缓缓加入5mL硝酸镧溶液，摇匀。

（5）加入10mL丙酮。加纯水至50mL刻度，摇匀。在室温放置1h。

（6）于620nm波长，1cm比色皿，以纯水为参比，测量吸光度。

（7）绘制标准曲线，从曲线上查出氟化物质量。

## 五、计算方法

计算公式为：

$$C=M/V$$

式中，$C$为水样中氟化物（$F^-$）质量浓度，mg/L；$M$为相当于氟化物标准的含量，$\mu$g；$V$为水样体积，mL。

# 实训十二 余氯的测定

## 一、原理

邻联甲苯胺与水中的余氯作用，生成黄色化合物，根据颜色深度，与永久性余氯标准系列管比色。

## 二、试剂

### 1. 磷酸盐缓冲贮备溶液

将无水磷酸氢二钠和无水磷酸二氢钾于105℃烘箱内2h，冷却后，分别称取22.86g和46.14g，将此两种试剂共溶于蒸馏水中，并定容至1 000mL，至少静置4d，使其中胶状杂质凝聚沉淀，过滤。

### 2. 磷酸盐缓冲使用溶液

取200mL磷酸盐缓冲贮备溶液，加蒸馏水稀释至1 000mL，此溶液的pH为6.45。

### 3. 重铬酸钾-铬酸钾溶液

称取干燥的0.155g重铬酸钾及0.465g铬酸钾，溶于磷酸盐缓冲液中，并定容至1 000mL。此溶液所产生的颜色相当于1mg/L余氯与邻联甲苯胺所产生的颜色。

### 4. 邻联甲苯胺溶液

称取1g邻联甲苯胺，溶于5mL 20％（体积分数）盐酸中，将其调成糊状，加入150～200mL蒸馏水使其完全溶解，置于量筒中，补加水至505mL，最后加入20％（体积分数）盐酸495mL，盛于棕色瓶内，在室温可保存6个月。

## 三、操作步骤

（1）配制余氯标准比色管 按表4-12-1所列数量吸取重铬酸钾-铬酸钾溶液，分别注入50mL具塞比色管中，用磷酸盐缓冲液稀释至50mL刻度，避免日光照射，可保存6个月。

表4-12-1 永久余氯标准比色管配置

| 项目 | 1 | 2 | 3 | 4 | 5 | 6 | 7 | 8 | 9 | 10 | 11 | 12 | 13 |
|---|---|---|---|---|---|---|---|---|---|---|---|---|---|
| 重铬酸钾-铬酸钾溶液（mL） | 0.5 | 1.5 | 2.5 | 5.0 | 10.0 | 15.0 | 20.0 | 25.0 | 30.0 | 35.0 | 40.0 | 45.0 | 50.0 |

（续）

| 项目 | 1 | 2 | 3 | 4 | 5 | 6 | 7 | 8 | 9 | 10 | 11 | 12 | 13 |
|---|---|---|---|---|---|---|---|---|---|---|---|---|---|
| 磷酸盐缓冲液（mL） | 49.5 | 48.5 | 48.0 | 45.0 | 40.0 | 35.0 | 30.0 | 25.0 | 20.0 | 15.0 | 10.0 | 5.0 | 0.0 |
| 余氯（mg/L） | 0.01 | 0.03 | 0.05 | 0.10 | 0.20 | 0.30 | 0.40 | 0.50 | 0.60 | 0.70 | 0.80 | 0.90 | 1.00 |

（2）水样　取 50mL 比色管 1 支，先放入 2.5mL 邻联甲苯胺溶液，再加入澄清水样 50mL，混合均匀（水样的温度最好为 15～20℃，如低于此值，应先将水样在温水浴中使温度提高到 15～20℃）。

（3）置于暗处，在 5min 以内，将其与永久性余氯标准色列管进行比色。

## 四、注意事项

（1）如余氯浓度很高，会产生橘黄色。若水样碱度过高而余氯浓度较低时，将产生淡绿色或淡蓝色，此时可多加 1mL 邻联甲苯胺溶液，即产生正常的淡黄色。

（2）如水样浑浊或色度较高，则应另取 3 支比色管，一支管加蒸馏水，其他两管加水样（但不加邻联甲苯胺溶液），用六孔比色架进行比色。

（3）水中含有悬浮性物质时，应该用离心法去除。

（4）如果先配成的邻联甲苯胺具有淡黄色，则不宜使用。此时，可于每升溶液中加入 1g 活性炭，并加热煮沸 2～3min，放置过夜后再行过滤，即可脱色。

# 第五部分

# 水的细菌学检验

## 实训一　细菌总数的测定

### 一、原理

细菌总数是指每毫升检样在需氧情况下，37℃培养48h，能在普通营养琼脂平板上生长的细菌菌落总数。

### 二、仪器设备

恒温箱、高压蒸气灭菌器、无菌操作台、吸管、广口瓶或三角瓶（容量为500mL,）、平皿（直径为90mm）、试管、放大镜、菌落计数器、酒精灯、试管架、灭菌镊子、营养琼脂培养基和试剂。

### 三、操作步骤

（1）用灭菌吸管吸取2mL水样，分别注入2个灭菌培养皿中，每个皿1mL。

（2）向2个培养皿内分别注入约15mL已融化并冷却到45℃左右的营养琼脂培养基，并立即在平面旋转，使水样与培养基充分混合均匀。

（3）另取一灭菌培养皿，注入营养琼脂培养基15mL作空白对照。

（4）待上述培养基凝固后，倒置于37℃温箱中，培养48h，进行菌落计数。2个培养皿的平均菌落数即为1mL水样中的菌落总数。

（5）菌落计数方法：做平板菌落计数时，可用肉眼观察，必要时用放大镜检查，以防遗漏。在记下各平板的菌落数后，求出平均菌落总数。

（6）菌落数的报告：菌落数在100个以内时，按实有数报告；大于100个时，采用2位有效数值，在2位有效数值后面的数字，以四舍五入方法计算，也可以用科学计算法来表示（个/mL）。

我国卫生学标准规定，生活用水的菌落总数每毫升不得超过 100 个。

# 实训二　总大肠菌群的测定

## 一、原理

采用多管发酵法测定水样中总大肠菌群。根据大肠菌群细菌能发酵乳糖、产酸产气以及具备革兰氏染色阴性、无芽孢、呈杆状等有关特性，通过 3 个步骤进行检验，求得水样中的总大肠菌群数。

## 二、仪器设备

高压蒸气灭菌器、恒温培养箱、无菌操作台、冰箱、生物显微镜、载玻片、酒精灯、镍铬丝接种棒、培养皿（直径 100mm）、试管（5mm × 150mm）、吸管（1mL，5mL，10mL）、烧杯（200mL，500mL，2 000mL）、锥形瓶（500mL，1 000mL）和采样瓶。

## 三、培养基及染色剂的制备

**1. 乳糖蛋白胨培养液**

将 10g 蛋白胨、3g 牛肉膏、5g 乳糖和 5g 氯化钠加热溶解于 1 000mL 蒸馏水中，调节溶液 pH 为 7.2～7.4，再加入 1.6％溴甲酚紫乙醇溶液 1mL，充分混匀，分装于试管中，于 121℃高压灭菌器中灭菌 15min，贮存于冷暗处备用。

**2.3 倍浓缩乳糖蛋白胨培养液**

按上述乳糖蛋白胨培养液的制备方法配制。除蒸馏水外，各组分用量增加至 3 倍。

**3. 品红亚硫酸钠培养基**

（1）储备培养基的制备　于 2 000mL 烧杯中，先将 20～30g 琼脂加到 900mL 蒸馏水中，加热溶解，然后加入 3.5g 磷酸氢二钾及 10g 蛋白胨，混匀，使其溶解，再用蒸馏水补充到 1 000mL，调节溶液 pH 至 7.2～7.4。趁热用脱脂棉或绒布过滤，再加 10g 乳糖，混匀，定量分装于 250mL 或 500mL 锥形瓶内，置于高压灭菌器中，在 121℃灭菌 15min，贮存于冷暗处备用。

（2）平皿培养基的制备　将上法制备的贮备培养基加热融化。根据锥形瓶内培养基的容量，用灭菌吸管按比例吸取一定量的 5％碱性品红乙醇溶液，置于灭菌试管中；再按比例称取无水亚硫酸钠，置于另一灭菌空试管内，加灭菌水少许使其溶解，再置于沸水浴中煮沸 10min（灭菌）。用灭菌吸管吸取已灭菌的亚硫酸钠溶液，滴加于碱性品红乙醇溶液内至深红色再褪至淡红色为止（不宜加多）。将此混合液全部加入已融化的储备培养基内，并充分混匀（防止产生气泡）。立即将此培养基适量（约 15mL）倾入已灭菌的平皿内，待冷却凝固后，置于冰箱内备用，但保存时间不宜超过 2 周。如培养基已由淡红色变成深红色，则不能再用。

**4. 伊红美蓝培养基**

（1）储备培养基的制备　于 2 000mL 烧杯中，先将 20～30g 琼脂加到 900mL 蒸馏水中，加热溶解。再加入 2g 磷酸二氢钾及 10g 蛋白胨，混合使之溶解，用蒸馏水补充至 1 000mL，调节溶液 pH 至 7.2～7.4。趁热用脱脂棉或绒布过滤，再加入 10g 乳糖，混匀后定量分装于 250mL 或 500mL 锥形瓶内，于 121℃高压灭菌 15min，贮于冷暗处备用。

（2）平皿培养基的制备　将上述制备的储备培养基融化。根据锥形瓶内培养基的容量，用灭菌吸管按比例分别吸取一定量已灭菌的 2% 伊红水溶液（0.4g 伊红溶于 20mL 水中）和一定量已灭菌的 0.5% 美蓝水溶液（0.065g 美蓝溶于 13mL 水中），加入已融化的储备培养基内，并充分混匀（防止产生气泡），立即将此培养基适量倾入已灭菌的空平皿内，待冷却凝固后，置于冰箱内备用。

**5. 革兰氏染色剂**

（1）结晶紫染色液　将 20mL 结晶紫乙醇饱和溶液（称取 4～8g 结晶紫溶于 100mL 95% 乙醇中）和 80mL 1% 草酸铵溶液混合、过滤。该溶液放置过久会产生沉淀，不能再用。

（2）助染剂　将 1g 碘与 2g 碘化钾混合后，加入少许蒸馏水，充分振荡，待完全溶解后，用蒸馏水补充至 300mL。此溶液 2 周内有效。当溶液由棕黄色变为淡黄色时应弃去。为便于储备，可将上述碘与碘化钾溶于 30mL 蒸馏水中，临用前再加水稀释。

（3）脱色剂　95% 乙醇。

（4）复染剂　将 0.25g 沙黄加到 10mL 95% 乙醇中，待完全溶解后，加 90mL 蒸馏水。

## 四、测定步骤

**1. 初发酵实验**

在 2 个装有已灭菌的 50mL 3 倍浓缩乳糖蛋白胨培养液的大试管或烧瓶中

（内有倒管），以无菌操作各加入已充分混匀的水样 100mL。在 10 支装有已灭菌的 5mL 三倍浓缩乳糖蛋白胨培养液的试管中（内有倒管），以无菌操作加入充分混匀的水样 10mL。混匀后置于 37℃恒温箱内培养 24h。

**2. 平板分离**

上述各发酵管经培养 24h 后，将产酸产气及只产酸的发酵管分别接种于伊红美蓝培养基或品红亚硫酸钠培养基上，置于 37℃恒温箱内培养 24h，挑选符合下列特征的菌落。

（1）伊红美蓝培养基上 深紫黑色，具有金属光泽的菌落；紫黑色，不带或略带金属光泽的菌落；淡紫红色，中心色较深的菌落。

（2）品红亚硫酸钠培养基上 紫红色，具有金属光泽的菌落；深红色，不带或略带金属光泽的菌落；淡红色，中心色较深的菌落。

**3. 染色**

取有上述特征的群落进行革兰氏染色。

（1）用已培养 18～24h 的培养物涂片，涂层要薄。

（2）将涂片在火焰上加温固定，待冷却后滴加结晶紫染色液，1min 后用水洗去。

（3）滴加助染剂，1min 后用水洗去。

（4）滴加脱色剂，摇动玻片，直至无紫色脱落为止（20～30s），用水洗去。

（5）滴加复染剂，1min 后用水洗去、晾干、镜检，呈紫色者为革兰氏阳性菌，呈红色者为革兰氏阴性菌。

**4. 复发酵实验**

上述涂片镜检的菌落如为革兰氏阴性且无芽孢的杆菌，则挑选该菌落的另一部分接种于装有普通浓度乳糖蛋白胨培养液的试管中（内有倒管），每管可接种分离自同一初发酵管（瓶）的最典型菌落 1～3 个，然后置于 37℃恒温箱中培养 24h，有产酸产气者（不论管内气体多少皆作为产气论），即证实有大肠菌群存在。根据证实有大肠菌群存在的阳性管（瓶）数，查大肠菌群检数表（表 5-2-1），报告每升水样中的大肠菌群数。

表 5-2-1　大肠菌群检数查询

| 10mL 水量的阳性管数 | 100mL 水量的阳性管数 | | |
|---|---|---|---|
| | 0 | 1 | 2 |
| | 1L 水样中大肠菌群数 | 1L 水样中大肠菌群数 | 1L 水样中大肠菌群数 |
| 0 | <3 | 4 | 11 |

（续）

| 10mL 水量的<br>阳性管数 | 100mL 水量的阳性管数 | | |
| --- | --- | --- | --- |
| | 0 | 1 | 2 |
| | 1L 水样中大肠菌群数 | 1L 水样中大肠菌群数 | 1L 水样中大肠菌群数 |
| 1 | 3 | 8 | 18 |
| 2 | 7 | 13 | 27 |
| 3 | 11 | 18 | 38 |
| 4 | 14 | 24 | 52 |
| 5 | 18 | 30 | 70 |
| 6 | 22 | 36 | 92 |
| 7 | 27 | 43 | 120 |
| 8 | 31 | 51 | 161 |
| 9 | 36 | 60 | 230 |
| 10 | 40 | 69 | ＞230 |

# 第六部分

# 畜牧场规划与设计

畜牧工作者首先应该能根据畜牧场的规模、性质，考虑自然条件、社会条件和立地条件，选择在现有条件下最理想的畜牧场场址，同时要会分析现有畜牧场场址选择方面的优缺点，并针对问题提出改进意见。其次要能对畜牧场进行分区，对畜牧场内的建筑物合理布局，并运用文字和绘图技术来完整而准确地表达畜牧场规划建设思想，为工程设计人员进行技术设计和施工图设计提供全面、详尽、可靠的设计依据，并与工程设计部门密切配合，对畜牧场进行合理的规划与设计。

## 实训一　畜牧场环境卫生调查

### 一、目的

以本校（或附近其他单位）畜牧场作为实习现场，对畜牧场场址选择、建筑物布局、环境卫生设施以及畜舍卫生状况等方面进行现场观察、测量和访问，运用课堂学过的理论进行综合分析，做出卫生评价，并提出改进意见。

### 二、器材

皮尺、卷尺、温湿度计、照度计、风速仪、消毒药等。

### 三、内容

（1）牧场位置　观察和了解畜牧场周围的交通情况，居民点及其他工农业企业等的距离与位置。

（2）地形、地势与土质　场地形状及面积大小，地势高低，坡度和坡向，土质及植被等。

（3）水源　水源种类及卫生防护条件，给水方式，水质与水量是否满足需要。

（4）全场平面布局情况

①不同功能区的划分及其在场内位置的相互关系。

②畜舍的朝向及间距，排列形式。

③饲料库、饲料加工调制间、产品加工间、兽医室、贮粪池以及其他附属建筑物的位置及其与畜舍的距离。

④运动场的位置、面积、土质及排水情况。

（5）畜舍卫生状况　畜舍类型、式样、材料结构，通风换气方式与设备，采光情况，排水系统及防潮措施，畜舍防寒、防暑的设施及其效果，畜舍小气候观察结果等。

（6）畜牧场环境污染与环境保护情况　畜粪、尿处理情况，场内排水设施及畜牧场污水排放、处理情况，绿化状况，场界与场内各区域的卫生防护措施，蚊蝇滋生情况及其他卫生状况等。

（7）其他　家畜传染病、地方病、慢性中毒疾病等发病情况。

## 四、要求

参观当地的畜牧场，完成学生实训配套报告册中第六部分的 6-1 内容。

# 实训二　畜牧场总平面图规划布局

## 一、畜牧场总平面规划的原则

安全的防疫卫生条件和减少对外部环境的污染是现代集约化畜牧场规划建设和生产经营面临的主要问题。因此，合理的场区规划设计至关重要，应按照以下原则进行：

（1）根据不同畜牧场的生产工艺设计要求，结合当地气候条件、地形地势及周围环境特点，因地制宜，按功能分区。合理布置各种建（构）筑物，满足其使用功能，并创造出有利于动物生产的最佳环境，确保资源的合理利用和畜牧场的可持续发展。

（2）充分利用已有的自然地形地势，建筑物长轴尽可能沿场区的等高线布置，尽量减少土石方工程量和基础设施工程的费用，最大限度地减少基本建设费用。

（3）合理组织场内外的人流和物流，为畜牧生产创造最有利的环境条件和生产联系，实现高效生产。

（4）保证建筑物具有良好的朝向，满足采光和自然通风条件，并有足够的防火间距。

（5）畜牧场建设必须考虑家畜粪尿、污水及其他废弃物的处理和利用，确保其符合清洁生产和可持续发展的要求。

（6）在满足生产要求的前提下，建（构）筑物布局紧凑，节约用地，少占或不占可耕地。在占地满足当前使用功能的同时，应充分考虑今后的发展，留有余地。特别是对生产区的规划，必须兼顾将来技术进步和改造的可能性，可按照分阶段、分期、分单元建场的方式进行规划，以确保达到最终规模后，总体协调一致。

## 二、畜牧场的功能分区

畜牧场的功能分区是否合理，各区建筑物布局是否得当，不仅影响基建投资、经营管理、生产组织、劳动生产率和经济效益，而且影响场区的环境状况和防疫卫生。因此，应认真做好畜牧场的分区规划，确定场区各种建筑物的合理布局，以建立良好的生产环境，确保各个生产环节能高效、有序地进行。

畜牧场通常分为生活管理区、辅助生产区、生产区和隔离区（图 6-2-1）。

**1. 生活管理区**

主要包括办公室、接待室、会议室、技术资料室、化验室、食堂、职工值班宿舍、厕所、传达室、门卫值班室以及围墙和大门，外来人员第一次更衣消毒室和车辆消毒设施等。生活管理区应在靠近场区大门内侧集中布置。

**2. 辅助生产区**

主要是供水、供电、供热，维修、仓库等设施，这些设施要紧靠生产区布置，与生活管理区没有严格的界限要求。对干饲料仓库，要求仓库的卸料口开在辅助生产区内，仓库的取料口开在生产区内，杜绝外来车辆进入生产区，保证生产区内外运料车互不交叉使用。

**3. 生产区**

主要布置不同类型的畜舍及蛋库、孵化出雏间、挤奶厅、乳品处理间、羊剪毛间、家畜采精室、人工授精室、家畜装车台、选种展示厅等畜牧场与外界有直接物流关联的生产性建筑。

**4. 隔离区**

隔离区内主要是兽医室、隔离畜舍、尸体解剖室、病尸冷冻保存室及粪便和污水储存和处理设施。隔离区应处于全场常年主导风向的下风处和全场场区最低处，并应与生产区之间设置适当的卫生间距和绿化隔离带。隔离区内的粪便污水处理设施也应与其他设施保持适当的卫生间距。隔离区的粪便污水处理设施与生产区有专用道路相连，与场区外有专用大门和道路相通。

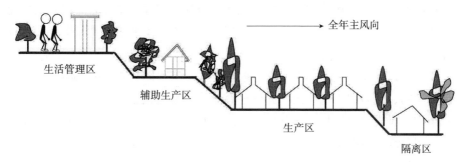

图 6-2-1　功能分区

　　规划畜牧场总平面布局时，首先应考虑人的工作条件和生活环境，其次是保证畜禽群体不受污染源的影响。所以，在布局时，生活管理区和辅助生产区应位于畜牧场场区常年主导风向的上风向处和地势较高处。

## 三、畜牧场设计图的识别

　　畜牧工作者在选择畜牧场场址时，除了进行现场勘察、调研外，还要通过审查建场各项建筑设计的图纸，判断（评价）畜牧场的设计是否合乎畜牧经营管理和环境卫生的要求，以便提出合理化建议，修正设计或施工方案。因此，有必要掌握识别图纸的知识。

　　**1. 地形图**

　　地形图是指地表起伏形态和地理位置、形状在水平面上的投影图。具体来讲，将地面上的地物和地貌按水平投影的方法（沿铅垂线方向投影到水平面上），并按一定的比例尺缩绘到图纸上，这种图称为地形图。它可表示地物的平面位置，地势高低起伏等地理状况。平面地形图又分为等高线地形图和分层设色地形图。

　　为了合理地利用地形和改造地形，以适应畜牧场的环境卫生要求，需要在地形图上对地形进行具体的分析研究。

　　为了给工程建设规划设计者参考，地形图上均绘制有等高线，可将地面坡度划分出 0～0.5%、0.5%～2.0%、2%～5% 等地区范围。

　　地形图上标明有分水线、地面水流方向、居民区、建筑用地、耕地、沼泽、河滩等。要经过野外实地调查后才能填绘。在调查过程中，不但要查清土壤的类型、分布，还要查清土壤的理化性状。

　　**2. 建筑施工图**

　　建筑施工图是建筑施工上用的一种能够准确地表达出建筑物的外形轮廓、

大小、尺寸、结构构造和材料做法的图样。它根据科学的制图原理，用一定的形象和图例，将一个构筑物的形状、尺寸、材料和细部构造等方面细致精确而又简洁地描绘出来。它是建筑施工的依据。建筑工程图纸用的是蓝图纸，所以又称蓝图。

（1）建筑设计图的基本知识　畜牧场建筑工程图包括畜牧场总平面图、畜舍平面图、立面图、剖面图，此外还有结构图和透视图。

结构图是表明建筑物各部分的详细结构和尺寸的，供现场施工用。透视图是从不同角度绘出全场、单体畜舍或房舍内部结构的立体形象图，在建筑上使用较少，从略。

（2）总平面图　总平面图表示一个工程的总体布局。它主要表示原有和新建畜舍等的位置、标高、道路布置构筑物、地形、地貌等，作为新建畜牧场建筑物的定性、施工放线、土方施工以及施工总平面布置的依据。在了解全场布局之后，就可以着手了解每个建筑物的设计情况并对环境卫生情况进行评价。此外，还要注意其他有关事项，如建筑完成之后周围的道路、水源干线、电源、可引入电杆位置等。总平面图的基本内容有：

①表明新建筑区的总体布局，如批准用地文号范围、各建筑物和构筑物的位置、道路、管网的布置等。

②确定各建筑物的平面位置。

③表明建筑物首层地面的绝对标高，舍外地坪、道路的绝对标高，说明土方填挖情况，地面坡度及排水方向。

④用指北针表示房屋的朝向，用风向玫瑰图表示常年风向频率和风速。

⑤根据工程的需要，有时还有水、暖、电等管线总平面图，各种管线综合布置图，道路纵横剖面图以及绿化布置图等。

（3）平面图　畜舍的平面图，就是一栋畜舍的水平剖视图，即假想用一水平面把一栋畜舍的窗台以上部分切掉，截面以下部分的水平投影图。图中应表示畜舍占地的面积，内部的分隔，房间的大小，走道、门、窗、台阶等局部位置和大小，墙的厚度等。

一般施工放线、砌墙、安装门窗等都要用平面图。其基本内容包括：①表明建筑物的形状、内部的布置及朝向。②表明建筑物的尺寸和建筑物地面标高。③表明建筑物结构形式及主要建筑材料。④表明门窗及其过梁的编号，门的开启方向。⑤表明剖面图、详图和标准配件的位置及其编号。⑥综合反映工艺、水、暖、电对土建的要求。⑦表明舍内装饰做法，包括舍内地面、墙面、天棚等处的材料及做法。⑧文字说明。

平面图的阅读：应根据由墙外至墙内的顺序进行阅读。平面图与立面图对照阅读，可以看出畜舍的形式。从外墙上可以看出门、窗的位置及形式，两端的大门有无坡道，门的形式。然后，阅读畜舍的内部，如畜床、饲槽、粪尿沟、饲料调制室和值班室等的位置，畜床排列形式等。

（4）立面图　立面图是建筑物的正面投影图或侧面投影图，表示建筑物或设备的外观形式、尺寸、艺术造型、使用材料等情况。如畜舍长、宽、高尺寸，房顶的形式，门窗洞口的位置，外墙饰面材料及做法等。

立面图有正立面、侧立面和背立面图。从立面图上，可以看出门窗的位置和瓦、墙材料，如陶瓦屋面，清水砖墙等。从立面图上可以看出畜舍各部尺寸符号所标明的标高。立面图上中央的点划线，说明畜舍两端是对称的。

（5）剖面图　剖面图有纵剖面、横剖面和其他角度的剖面图。剖面图是假想用一平面沿建筑物垂直方向切开，切开后的正立面投影图。

剖面图主要表明建筑物内部在高度方面的情况，如屋顶的坡度，房间和门窗各部分的高度，同时也可以表示出建筑所采用的形式。

剖面图的剖切处置一般选择建筑物内部做法有代表性和空间变化比较复杂的位置。为了表明建筑物平面图或剖面图作切面的位置，一般在其平面图纸上画有切面位置线。

剖面图阅读：剖面图应该根据由下向上的顺序进行阅读。首先关注墙体基础的深度、宽度、结构及材料，地面的结构、材料，地面倾斜度，粪尿沟、饲槽的尺寸和样式等。其次是窗户样式，窗上部檐口的结构、屋架结构、材料规格等。最后，屋面结构用一条竖线通过屋面多层，在竖线上画出与屋面结构层数相应的横线，按照多层的顺序，自上而下写明屋面的结构、材料、规格。

此外，在剖面图上也有尺寸线，标明与平面图、立面图对应部分的尺寸。

（6）施工图的尺寸　施工图的尺寸是根据所设计的建筑物的实际大小，按一定比例缩绘的。

一般牧场总平面图多用1∶500、1∶1 000、1∶2 000 的比例尺。畜舍的平面图、剖面图和立面图多用1∶100、1∶200 的比例尺。不论采用哪一种比例尺，建筑图上的尺寸都注以实际尺寸数字。

施工图上尺寸的大小，是用尺寸线标志的。尺寸线的两端以箭头或圆点来表示尺寸的起点和终点。在尺寸线的中央或上方注明实际尺寸的数字。建筑物各部高度尺寸的表示，一般以室内地坪高度为零，用三角形的尖端标出各部分的实际高度。圆形的物体其直径尺寸的表示是在数字前加"$\varphi$"，其半径尺寸是在数字前加"$R$"表示。

（7）施工图符号（图例）　在施工图上使用各种符号（图例），可以减少注释的文字，使图纸更易阅读，因此看蓝图也必须熟悉这些符号。部分建筑材料图例和建筑配件图例展示见表 6-2-1。

表 6-2-1　常用建筑材料图例

| 序号 | 名称 | 图例 | 序号 | 名称 | 图例 |
|---|---|---|---|---|---|
| 1 | 自然土壤 | | 15 | 纤维材料 | |
| 2 | 夯实土壤 | | 16 | 泡沫塑料材料 | |
| 3 | 砂、灰土 | | 17 | 木材 | |
| 4 | 沙砾石、碎砖三合土 | | 18 | 胶合板 | |
| 5 | 石料 | | 19 | 石膏板 | |
| 6 | 毛石 | | 20 | 金属 | |
| 7 | 普通砖 | | 21 | 网状材料 | |
| 8 | 耐火砖 | | 22 | 液体 | |
| 9 | 空心砖 | | 23 | 玻璃 | |
| 10 | 饰面砖 | | 24 | 橡胶 | |
| 11 | 焦渣、矿渣 | | 25 | 塑料 | |
| 12 | 混凝土 | | 26 | 防水材料 | |
| 13 | 钢筋混凝土 | | 27 | 粉刷 | |
| 14 | 多孔材料 | | | | |

注：表中图例中的斜线、短斜线、交叉斜线等均为45°。

**3. 建筑设计图的阅读方法**

畜牧场的一整套工程设计图是比较复杂的，有时可能有几十张，其中包括总平面图，各种建筑物的平面、立面、剖面图和结构详图等。必须根据由大到小，由粗到细的原则有次序、有步骤地阅读。

成套的工程设计图，一般第一页为标题页，其中详列整套图纸的图名、编号。根据标题页可以了解到这套图纸的全部内容，也便于根据其图名和编号顺利地找到所需要的某一张图纸。在看每一张图纸时，要注意其中的标题栏和说明。

标题栏中详列这张图纸的工程总称，项目，名称，编号，设计单位及设计人员，校核、审核、设计日期等。标题栏不但是根据标题页查找图纸的依据，同时还包含许多信息，如对图纸中有疑问之处，即可根据标题找设计单位查询等。

每张图纸的说明，清楚地标注了许多在图纸中不便表示的事项，是必须阅读的。看图的步骤是：首先根据总平面图了解全场的布局情况，然后根据畜舍的平面图、立面图、剖面图了解每栋畜舍的构造，最后还要详细了解结构详图。每一建筑物的各张工程图纸都是有密切关系的，看图时必须相互对照进行阅读。

采用较小比例尺或对于构造复杂的房舍，在建筑图上不易将所有结构全部表示出来，则需另绘结构详图。在此情况下，一般在建筑图的说明中注明。

通过阅读建筑设计图，可以对该畜牧场、畜舍的环境卫生情况进行初步评价。

## 四、平面图绘制方法

（1）确定绘制建筑平面图的比例和图幅。

（2）画底图

①画图框线和标题栏的外边线。

②布置图面，画定位轴线、墙身线。

③在墙体上确定门窗洞口的位置。

④画楼梯等细部。

（3）仔细检查底图，无误后，按建筑平面图的线型要求进行加深，并标注轴线、尺寸、门窗编号、剖切符号等。

（4）写图名、比例及其他内容。

## 五、畜牧场总平面图绘制要求

根据实习过程中所见、所闻和所测，完成《学生实训配套报告册》中第六部分的 6-2 内容。具体要求如下：

（1）用铅笔绘制、标注图例、方位、风向和地势。

（2）反映上述建筑物的平面形状、位置、朝向和周围环境的关系。

（3）可采用专业绘图纸绘制或采用 CAD 软件绘制。

# 实训三　生态畜牧场规划与设计

根据所学以及所见知识，提供一份你心目中理想的《生态畜牧场规划设计》作品。

**1. 主题要求**

（1）主题　以动物健康生态养殖为主要产业，向市场提供"健康、优质、安全的畜产品"为主要目标，选择适合当地发展的养殖模式。

（2）条件　根据当地（结合实际自行选择）的地形地貌特点，选择有代表性的建设地点。

（3）强调适度规模、可种养结合和资源循环利用等，用可持续发展的生态理念、现代科学技术和先进的管理方式规划设计。

**2. 要求**

根据实习过程中所见所闻和所测以及相关的专业知识储备，完成《学生实训配套报告册》中第六部分的 6-3 内容。具体要求如下：

（1）规划书 1 份　内容包括规划建设目标、设计理念、项目建设条件（地理位置、自然条件等）、建设内容（养殖品种、面积、数量等）、简单生产工艺设计（畜牧场的性质、规模、生产工艺流程、饲养工艺设计）、投入和经济效益分析。

（2）总平面规划图纸 1 份　内容包括畜牧场的功能分区，畜舍的布置形式、朝向、间距等部分。

# 第七部分

# 实 习 心 得

《课程实习心得》应包含以下几部分，以便结构化地表达实习经历：

## 一、引言

（1）简要介绍实习背景　描述你所参加的课程实习的基本情况，包括实习时间、地点、实习单位的基本情况。

（2）目的和期望　阐述你参与实习的初衷和期望，如增强实践能力、学习畜牧业的实际运作等。

## 二、实习过程

（1）详细描述你在课程实习过程中观察到的畜牧业实际运作情况，包括动物的行为习性、饲料配比、养殖环境、粪污处理等，并阐述你的学习体会。

（2）技能提升　分析在实习过程中你所学到的专业技能和知识，以及这些技能在畜牧业领域的应用价值。

## 三、实习收获与感悟

（1）理论联系实际　总结实习过程中如何将所学理论知识应用到实际操作中，以及这种应用对你学习的促进作用。

（2）问题解决　描述你在实习过程中遇到的问题及解决方法，并评估这些经验对你未来学习和工作的影响。

（3）职业认知　阐述实习经历对你未来职业规划的影响，如对畜牧行业的认识、对职业方向的选择等。

## 四、建议与展望

（1）实习建议　针对实习过程中发现的问题或不足之处，提出改进建议，以便提高实习效果。

（2）对行业的展望　结合实习经历和对畜牧行业的了解，分析畜牧行业的发展趋势和未来前景。

（3）对个人发展的思考　明确自己在畜牧行业的职业目标和发展规划，以及为实现这些目标所需要付出的努力。

## 五、结语部分

（1）总结　对实习心得进行简要总结，强调实习的重要性和对你个人成长的影响。

（2）致谢　对实习单位、导师和同学表示感谢，感谢他们在实习过程中给予你的支持和帮助。

在撰写实习心得时，注意保持语言简洁明了、条理清晰，同时注重真实性和客观性。通过具体事例和数据来支持你的观点和分析，使你的实习心得更具说服力和可信度。

## 六、任务

根据实习过程中所见所闻和所测以及相关的专业知识储备，完成《学生实训配套报告册》中第七部分内容。

# 附　　录

## 附录一　不同温度时的最大水汽压（kPa）

| 温度（℃） | 相对湿度 | | | | | | | | | |
|---|---|---|---|---|---|---|---|---|---|---|
| | 0 | 0.1 | 0.2 | 0.3 | 0.4 | 0.5 | 0.6 | 0.7 | 0.8 | 0.9 |
| −5 | 0.42 | 0.42 | 0.41 | 0.41 | 0.41 | 0.41 | 0.4 | 0.4 | 0.4 | 0.39 |
| −4 | 0.45 | 0.45 | 0.45 | 0.44 | 0.44 | 0.44 | 0.43 | 0.43 | 0.43 | 0.42 |
| −3 | 0.49 | 0.49 | 0.48 | 0.48 | 0.47 | 0.47 | 0.47 | 0.46 | 0.46 | 0.46 |
| −2 | 0.53 | 0.52 | 0.51 | 0.51 | 0.51 | 0.51 | 0.5 | 0.5 | 0.5 | 0.49 |
| −1 | 0.57 | 0.56 | 0.56 | 0.55 | 0.55 | 0.55 | 0.54 | 0.54 | 0.53 | 0.53 |
| 0 | 0.61 | 0.62 | 0.62 | 0.63 | 0.63 | 0.64 | 0.64 | 0.65 | 0.65 | 0.66 |
| 1 | 0.66 | 0.66 | 0.67 | 0.67 | 0.68 | 0.68 | 0.69 | 0.69 | 0.7 | 0.7 |
| 2 | 0.71 | 0.71 | 0.72 | 0.72 | 0.73 | 0.73 | 0.74 | 0.74 | 0.75 | 0.75 |
| 3 | 0.76 | 0.76 | 0.77 | 0.77 | 0.78 | 0.79 | 0.79 | 0.8 | 0.8 | 0.81 |
| 4 | 0.81 | 0.82 | 0.82 | 0.83 | 0.84 | 0.84 | 0.85 | 0.85 | 0.86 | 0.87 |
| 5 | 0.87 | 0.88 | 0.88 | 0.89 | 0.9 | 0.9 | 0.91 | 0.92 | 0.92 | 0.93 |
| 6 | 0.93 | 0.94 | 0.95 | 0.95 | 0.96 | 0.97 | 0.97 | 0.98 | 0.99 | 0.99 |
| 7 | 1 | 1.01 | 1.01 | 1.02 | 1.03 | 1.03 | 1.04 | 1.05 | 1.05 | 1.06 |
| 8 | 1.07 | 1.08 | 1.08 | 1.09 | 1.1 | 1.11 | 1.11 | 1.12 | 1.13 | 1.14 |
| 9 | 1.14 | 1.15 | 1.16 | 1.17 | 1.17 | 1.18 | 1.19 | 1.2 | 1.21 | 1.22 |
| 10 | 1.22 | 1.23 | 1.24 | 1.25 | 1.25 | 1.26 | 1.27 | 1.28 | 1.29 | 1.3 |
| 11 | 1.31 | 1.31 | 1.32 | 1.33 | 1.34 | 1.35 | 1.36 | 1.37 | 1.38 | 1.39 |
| 12 | 1.39 | 1.4 | 1.41 | 1.42 | 1.43 | 1.44 | 1.45 | 1.47 | 1.47 | 1.48 |
| 13 | 1.49 | 1.5 | 1.51 | 1.52 | 1.53 | 1.54 | 1.55 | 1.56 | 1.57 | 1.58 |

（续）

| 温度（℃） | 相对湿度 | | | | | | | | | |
|---|---|---|---|---|---|---|---|---|---|---|
| | 0 | 0.1 | 0.2 | 0.3 | 0.4 | 0.5 | 0.6 | 0.7 | 0.8 | 0.9 |
| 14 | 1.59 | 1.6 | 1.61 | 1.62 | 1.63 | 1.64 | 1.65 | 1.66 | 1.67 | 1.68 |
| 15 | 1.69 | 1.7 | 1.71 | 1.73 | 1.74 | 1.75 | 1.76 | 1.77 | 1.78 | 1.79 |
| 16 | 1.81 | 1.82 | 1.83 | 1.84 | 1.85 | 1.86 | 1.87 | 1.89 | 1.9 | 1.91 |
| 17 | 1.92 | 1.93 | 1.95 | 1.96 | 1.97 | 1.98 | 2 | 2.01 | 2.02 | 2.03 |
| 18 | 2.05 | 2.06 | 2.07 | 2.09 | 2.1 | 2.11 | 2.13 | 2.14 | 2.15 | 2.17 |
| 19 | 2.18 | 2.19 | 2.21 | 2.22 | 2.23 | 2.25 | 2.26 | 2.57 | 2.59 | 2.61 |
| 20 | 2.32 | 2.33 | 2.35 | 2.36 | 2.38 | 2.39 | 2.41 | 2.42 | 2.44 | 2.45 |
| 21 | 2.47 | 2.48 | 2.5 | 2.51 | 2.53 | 2.54 | 2.56 | 2.57 | 2.59 | 2.61 |
| 22 | 2.62 | 2.64 | 2.65 | 2.67 | 2.69 | 2.7 | 2.72 | 2.73 | 2.75 | 2.77 |
| 23 | 2.79 | 2.8 | 2.82 | 2.84 | 2.85 | 2.87 | 2.89 | 2.91 | 2.92 | 2.94 |
| 24 | 2.96 | 2.98 | 2.99 | 3.01 | 3.03 | 3.05 | 3.07 | 3.09 | 3.1 | 3.12 |
| 25 | 3.14 | 3.16 | 3.18 | 3.2 | 3.22 | 3.23 | 3.25 | 3.27 | 3.29 | 3.31 |
| 26 | 3.33 | 3.35 | 3.37 | 3.39 | 3.41 | 3.43 | 3.45 | 3.47 | 3.49 | 3.51 |
| 27 | 3.53 | 3.55 | 3.58 | 3.6 | 3.62 | 3.64 | 3.66 | 3.68 | 3.7 | 3.73 |
| 28 | 3.75 | 3.77 | 3.79 | 3.81 | 3.84 | 3.86 | 3.88 | 3.9 | 3.92 | 3.95 |
| 29 | 3.97 | 3.99 | 4.02 | 4.04 | 4.06 | 4.09 | 4.14 | 4.13 | 4.16 | 4.18 |

# 附录二　湿度表的系数值

| 气流速度（m/s） | 系数 |
|---|---|
| 0.13 | 0.001 30 |
| 0.16 | 0.001 20 |
| 0.20 | 0.001 10 |
| 0.30 | 0.001 00 |
| 0.40 | 0.000 90 |
| 0.80 | 0.000 80 |
| 2.30 | 0.000 70 |
| 3.00 | 0.000 69 |
| 4.00 | 0.000 67 |

# 附录三　函数简表

| 正切函数值 | 角度（°） | 正切函数值 | 角度（°） | 正切函数值 | 角度（°） |
|---|---|---|---|---|---|
| 0 | 0 | 0.29 | 16 | 0.90 | 42 |
| 0.02 | 1 | 0.32 | 18 | 1.00 | 45 |
| 0.03 | 2 | 0.36 | 20 | 1.11 | 48 |
| 0.05 | 3 | 0.40 | 22 | 1.23 | 51 |
| 0.07 | 4 | 0.45 | 24 | 1.38 | 54 |
| 0.09 | 5 | 0.49 | 26 | 1.54 | 57 |
| 0.11 | 6 | 0.53 | 28 | 1.76 | 60 |
| 0.12 | 7 | 0.57 | 30 | 1.96 | 63 |
| 0.14 | 8 | 0.62 | 32 | 2.25 | 66 |
| 0.16 | 9 | 0.67 | 34 | 2.80 | 69 |
| 0.18 | 10 | 0.73 | 36 | 3.08 | 72 |
| 0.21 | 11 | 0.78 | 38 | 4.01 | 76 |
| 0.25 | 12 | 0.84 | 40 | 5.67 | 80 |

# 附录四　标准气压下，空气中含氧20.9%时，不同温度下淡水中的溶解氧

| 水温（℃） | 溶解氧（mg/L） | 水温（℃） | 溶解氧（mg/L） |
|---|---|---|---|
| 0 | 14.62 | 7 | 12.17 |
| 1 | 14.23 | 8 | 11.87 |
| 2 | 13.84 | 9 | 11.59 |
| 3 | 13.43 | 10 | 11.33 |
| 4 | 13.13 | 11 | 11.08 |
| 5 | 12.80 | 12 | 10.83 |
| 6 | 12.48 | 13 | 10.60 |

（续）

| 水温（℃） | 溶解氧（mg/L） | 水温（℃） | 溶解氧（mg/L） |
|---|---|---|---|
| 14 | 10.37 | 28 | 7.92 |
| 15 | 10.15 | 29 | 7.77 |
| 16 | 9.95 | 30 | 7.63 |
| 17 | 9.74 | 31 | 7.50 |
| 18 | 9.54 | 32 | 7.40 |
| 19 | 9.35 | 33 | 7.30 |
| 20 | 9.17 | 34 | 7.20 |
| 21 | 8.99 | 35 | 7.10 |
| 22 | 8.83 | 36 | 7.00 |
| 23 | 8.68 | 37 | 6.90 |
| 24 | 8.53 | 38 | 6.80 |
| 25 | 8.38 | 39 | 6.70 |
| 26 | 8.22 | 40 | 6.60 |
| 27 | 8.07 | | |

# 附录五　畜舍通风参数

| 畜舍 | 换气量 [m³/（h·kg）] | | | 换气量 [m³/（h·头）] | | |
|---|---|---|---|---|---|---|
| | 冬季 | 过渡季 | 夏季 | 冬季 | 过渡季 | 夏季 |
| 牛舍 | | | | | | |
| 拴系或散养 | 0.17 | 0.35 | 0.70 | | | |
| 散养厚垫草 | 0.17 | 0.35 | 0.70 | | | |
| 产间 | 0.17 | 0.35 | 0.70 | | | |
| 犊牛舍 | | | | | | |
| 20～60 日龄 | | | | 20 | 40～50 | 100～120 |
| 60～120 日龄 | | | | 20～25 | 40～50 | 100～120 |
| 4～12 月龄 | | | | 60 | 120 | 250 |
| 一岁以上 | 0.17 | 0.35 | 0.70 | | | |
| 猪舍 | | | | | | |
| 空怀及妊娠前期母猪舍 | 0.35 | 0.45 | 0.60 | | | |

（续）

| 畜舍 | 换气量［m³/（h·kg）］ | | | 换气量［m³/（h·头）］ | | |
|---|---|---|---|---|---|---|
| | 冬季 | 过渡季 | 夏季 | 冬季 | 过渡季 | 夏季 |
| 种公猪舍 | 0.45 | 0.60 | 0.70 | | | |
| 妊娠后期母猪舍 | 0.35 | 0.45 | 0.60 | | | |
| 哺乳母猪舍 | 0.35 | 0.45 | 0.60 | | | |
| 哺乳仔猪舍 | 0.35 | 0.45 | 0.60 | | | |
| 后备猪舍 | 0.45 | 0.55 | 0.65 | | | |
| 育肥猪舍 | | | | 10～17 | | 204～255 |
| 断奶仔猪 | 0.35 | 0.45 | 0.60 | | | |
| 羊舍 | | | | | | |
| 公羊舍、母羊舍、断奶后及去势后的小羊舍 | | | | 15 | 25 | 45 |
| 产间暖棚 | | | | 15 | 30 | 50 |
| 公羊舍的采精间 | | | | 15 | 25 | 45 |
| 禽舍 | | | | | | |
| 笼养蛋鸡舍 | 0.70 | | 4.0 | | | |
| 地面平养肉鸡舍 | 0.75 | | 5.0 | | | |
| 1～9 周龄蛋用雏鸡舍 | 0.8～1.0 | | 5.0 | | | |
| 10～26 周龄蛋用雏鸡舍 | 0.75 | | 5.0 | | | |
| 1～9 周龄肉用雏鸡舍 | 0.75～1.0 | | 5.5 | | | |
| 10～26 周龄肉用雏鸡舍 | 0.7 | | 5.5 | | | |

# 附录六　当量浓度（N）

当量浓度（normality，N）：溶液的浓度用 1L 溶液中所含溶质的克当量数值来表示的叫当量浓度，用符号 N 表示。

当量浓度过去用得很多，现在基本不用了。1 当量就相当于得失 1 个电子，如果是盐酸，放出 1 个氢离子，则当量浓度和摩尔浓度是一样的；如果是硫酸，1 分子放出 2 个氢离子，则溶液的当量浓度等于摩尔浓度的 2 倍。

在一般的氧化还原反应中，就要复杂一些了。例如，高锰酸钾氧化草酸钠，2mol 高锰酸钾和 5mol 草酸钠刚好反应，则高锰酸钾的当量浓度＝5 倍的摩尔浓度。

当量浓度的定义是 1L 水溶液中溶解的溶质用氢的当量除摩尔质量，常用于表示酸溶液的质量。

# 附录七　0.1mol/L $Na_2S_2O_3$ 标准溶液的配制与标定

## 一、实验原理

硫代硫酸钠标准溶液通常用 $Na_2S_2O_3 \cdot 5H_2O$ 配制，由于 $Na_2S_2O_3$ 遇酸即迅速分解产生 S，配制时若水中含 $CO_2$ 较多，pH 偏低，容易使配制的 $Na_2S_2O_3$ 变混浊。另外，水中若有微生物也能够慢慢分解 $Na_2S_2O_3$。因此，配制 $Na_2S_2O_3$ 通常用新煮沸放冷的蒸馏水，并先在水中加入少量 $Na_2CO_3$，然后再把 $Na_2S_2O_3$ 溶于其中。

标定 $Na_2S_2O_3$ 溶液的基准物质有 $KBrO_3$、$KIO_3$、$K_2Cr_2O_7$ 等，以 $K_2Cr_2O_7$ 最常用。标定时采用置换滴定法，使 $K_2Cr_2O_7$ 先与过量 KI 作用，再用欲标定浓度的 $Na_2S_2O_3$ 溶液滴定析出的 $I_2$。

第一步反应为：

$$Cr_2O_7^{2-} + 14H^+ + 6I^- \rightleftharpoons 3I_2 + 2Cr^{3+} + 7H_2O$$

在酸度较低时此反应完成较慢，若酸度太强又有使 KI 被空气氧化成 $I_2$ 的危险。因此，必须注意酸度的控制并避光放置 10min，此反应才能定量完成。

第二步反应为：

$$2S_2O_3^{2-} + I_2 \rightleftharpoons S_4O_6^{2-} + 2I^-$$

第一步反应析出的 $I_2$ 用 $Na_2S_2O_3$ 溶液滴定，以淀粉作指示剂。淀粉溶液在有 $I^-$ 离子存在时能与 $I_2$ 分子形成蓝色可溶性吸附化合物，使溶液呈蓝色。达到终点时，溶液中的 $I_2$ 全部与 $Na_2S_2O_3$ 作用，则蓝色消失。但开始 $I_2$ 太多，被淀粉吸附得过牢，就不易被完全夺出，并且也难以观察终点，因此必须在滴定至近终点时方可加入淀粉溶液。

$Na_2S_2O_3$ 与 $I_2$ 的反应只能在中性或弱酸性溶液中进行，因为在碱性溶液中会发生副反应：$S_2O_3^{2-} + 4I_2 + 10OH^- \rightleftharpoons 2SO_4^{2-} + 8I^- + 5H_2O$，而在酸性溶液中 $Na_2S_2O_3$ 又易分解：$S_2O_3^{2-} + 2H^+ \rightleftharpoons S\downarrow + SO_2\uparrow + H_2O$。所以进行滴定以前溶液应加以稀释，一为降低酸度，二为使终点时溶液中的 $Cr^{3+}$ 离子不致颜色太深，影响终点观察。另外 KI 浓度不可过大，否则 $I_2$ 与淀粉所显颜色偏红紫，也不利于观察终点。

## 二、仪器与试剂

碱式滴定管，250mL 碘量瓶，25mL 移液管，250mL 容量瓶，试剂瓶；

$K_2Cr_2O_7$（基准物质），KI（A.R），4mol/L HCl 溶液，0.5%淀粉指示液。

### 三、实验步骤

**1. 0.1mol/L 碘酸钾标准溶液**

准确称取 3.566 8g 经过 105℃ 干燥 2h 的碘酸钾，溶于水中，移入 1 000mL 容量瓶中，加水定容至刻度，摇匀。

**2. 0.1mol/L $Na_2S_2O_3$ 溶液的配制**

称取 25g $Na_2S_2O_3$·$5H_2O$，溶于新煮沸放冷的蒸馏水中，加入 0.2g $Na_2CO_3$ 并定容至 1 000mL，贮于棕色瓶中，如浑浊应过滤。放置 1～2 周后再标定。

**3. $Na_2S_2O_3$ 溶液的标定**

（1）准确量取 25mL 的 0.1mol/L 碘酸钾标准溶液，于 250mL 碘量瓶中，加入 75mL 新煮沸冷却的水，再加 3g KI 和 10mL 冰乙酸。摇匀后暗处放置 3min。

（2）用 0.1mol/L $Na_2S_2O_3$ 溶液滴定析出的碘，至淡黄色。

（3）再加入 1mL 0.5%淀粉溶液，呈蓝色，再继续滴定至蓝色刚刚褪去，即为终点。记录所用 $Na_2S_2O_3$ 溶液体积 $V$。

（4）重复标定 2 次，相对偏差不能超过 0.05mL。为防止反应产物 $I_2$ 的挥发损失，平行实验的碘化钾试剂不要在同一时间加入，做一份加一份。

**4. 结果计算**

计算公式为：

$$M=0.100\times25.00/V$$

式中，$M$ 为 $Na_2S_2O_3$ 标准溶液的浓度，mol/L；$V$ 为滴定 $Na_2S_2O_3$ 溶液所用体积，mL。

## 附录八　猪牛羊产生二氧化碳、水汽和热量表
### （气温 10℃，相对湿度 70%）

| 家畜种类 | 体重（kg） | 二氧化碳（L/h） | 水汽（g/h） | 可感热（kJ/h） | 总热（kJ/h） |
|---|---|---|---|---|---|
| 空怀及妊娠1～3月母猪 | 100 | 36 | 101 | 736 | 1 017 |
| | 150 | 42 | 118 | 849 | 1 176 |
| | 200 | 48 | 134 | 1 079 | 1 351 |

（续）

| 家畜种类 | 体重（kg） | 二氧化碳（L/h） | 水汽（g/h） | 可感热（kJ/h） | 总热（kJ/h） |
|---|---|---|---|---|---|
| 妊娠4个月母猪 | 100 | 43 | 120 | 841 | 1 205 |
| | 150 | 50 | 141 | 1 033 | 1 418 |
| | 200 | 57 | 160 | 1 167 | 1 607 |
| 哺乳母猪 | 100 | 87 | 242 | 1 774 | 2 443 |
| | 150 | 99 | 276 | 2 029 | 2 782 |
| | 200 | 114 | 320 | 2 347 | 3 213 |
| 2月龄内仔猪 | 15 | 17 | 46 | 331 | 460 |
| 后备猪及育肥猪 | 60 | 33 | 92 | 669 | 929 |
| | 80 | 38 | 107 | 791 | 1 079 |
| | 90 | 41 | 114 | 833 | 1 142 |
| 种公猪 | 100 | 44 | 123 | 895 | 1 234 |
| | 200 | 57 | 161 | 1 159 | 1 611 |
| | 300 | 77 | 216 | 1 452 | 2 163 |
| 育肥猪 | 100 | 47 | 132 | 967 | 1 326 |
| | 200 | 63 | 175 | 1 268 | 1 757 |
| | 300 | 83 | 230 | 1 895 | 2 314 |
| 干乳牛及产犊2个月前妊娠牛 | 300 | | 319 | 2 000 | 2 778 |
| | 400 | | 380 | 2 381 | 3 305 |
| | 600 | | 487 | 3 025 | 4 250 |
| 泌乳牛（5L/d） | 300 | | 574 | 3 602 | 504 |
| | 400 | | 316 | 1 983 | 2 753 |
| | 500 | | 377 | 2 364 | 3 284 |
| | 600 | | 408 | 2 519 | 3 356 |
| 泌乳牛（10L/d） | 300 | | 485 | 3 042 | 4 226 |
| | 400 | | 340 | 2 134 | 2 962 |
| | 500 | | 404 | 2 531 | 3 519 |
| | 600 | | 455 | 2 853 | 3 962 |
| 泌乳牛（15L/d） | 300 | | 505 | 3 167 | 4 397 |
| | 400 | | 392 | 2 460 | 3 418 |
| | 500 | | 458 | 2 665 | 3 992 |
| | 600 | | 507 | 3 264 | 4 118 |
| | 800 | | 549 | 3 443 | 4 782 |

（续）

| 家畜种类 | 体重（kg） | 二氧化碳（L/h） | 水汽（g/h） | 可感热（kJ/h） | 总热（kJ/h） |
|---|---|---|---|---|---|
| 1月龄犊牛 | 30 | | 53 | 331 | 460 |
| | 40 | | 74 | 469 | 649 |
| | 50 | | 92 | 573 | 799 |
| | 80 | | 135 | 845 | 1 176 |
| 1～3月龄犊牛 | 40 | | 78 | 490 | 678 |
| | 60 | | 113 | 711 | 987 |
| | 100 | | 177 | 1 113 | 1 548 |
| | 130 | | 202 | 1 264 | 1 757 |
| 3～4月龄犊牛 | 90 | | 131 | 820 | 1 142 |
| | 120 | | 195 | 1 222 | 1 699 |
| | 150 | | 202 | 1 264 | 1 757 |
| | 200 | | 265 | 1 665 | 2 481 |
| 4月龄以上幼牛 | 120 | | 170 | 1 067 | 1 481 |
| | 180 | | 216 | 1 356 | 1 883 |
| | 250 | | 261 | 1 640 | 2 280 |
| | 350 | | 344 | 2 155 | 2 296 |
| 育肥去势公牛 | 400 | | 493 | 3 088 | / |
| | 600 | | 599 | 3 757 | / |
| | 800 | | 715 | 4 189 | / |
| | 1 000 | | 846 | 5 309 | / |
| 公羊 | 50 | 25 | 70 | 515 | 707 |
| | 80 | 33 | 93 | 669 | 929 |
| | 100 | 35 | 98 | 720 | 992 |
| 空怀母羊 | 40 | 19 | 52 | 377 | 523 |
| | 50 | 22 | 62 | 452 | 619 |
| | 60 | 28 | 78 | 561 | 774 |
| 妊娠母羊 | 40 | 22 | 62 | 452 | 619 |
| | 50 | 25 | 70 | 515 | 707 |
| | 60 | 28 | 78 | 561 | 774 |
| 带双羔哺乳羊 | 40 | 44 | 112 | 891 | 1 234 |
| | 50 | 47 | 133 | 958 | 1 326 |
| | 60 | 52 | 145 | 1 054 | 1 452 |

（续）

| 家畜种类 | 体重（kg） | 二氧化碳（L/h） | 水汽（g/h） | 可感热（kJ/h） | 总热（kJ/h） |
|---|---|---|---|---|---|
| 小型品种羔羊 | 20 | 14 | 39 | 289 | 402 |
| | 40 | 21 | 58 | 427 | 590 |
| 大型品种羔羊 | 30 | 17 | 48 | 335 | 464 |
| | 50 | 23 | 64 | 469 | 481 |

# 附表九　水样的保存方法

| 测定项目 | 采样容器 | 保存方法及保存剂用量 | 保存时间 | 最低采样量 | 相关依据 | 备注 |
|---|---|---|---|---|---|---|
| 水温 | P 或 G | / | 12h | 250mL | GB/T 13195—1991 | 尽量现场测定 |
| 浊度 | P 或 G | / | 12h | 250mL | GB/T 13200—1991 | 尽量现场测定 |
| 溶解氧 | 溶解氧瓶 | 单独采样，注满；加入硫酸锰、碱性 KI、叠氮化钠溶液，现场固定 | 24h | 500mL | HJ 506—2009 | 尽量现场测定 |
| 化学需氧量 | G | 用 $H_2SO_4$ 酸化，pH≤2 | 2d | 500mL | HJ/T 399—2007 HJ 828—2017 | |
| 电导率、硬度、pH、色度 | P 或 G | / | 12h | 250mL | HJ 6920—1986 GB 27500—2011 水和废水监测分析方法 | 尽量现场测定 |
| 五日生化需氧量（BOD₅） | 溶解氧瓶 | 单独采样，注满容器 | 12h | 250mL | HJ 505—2009 | |
| 氨氮 | P 或 G | 用 $H_2SO_4$ 酸化，pH≤2 | 24h | 250mL | HJ 536—2009、HJ535—2009 | |
| 高锰酸盐指数 | G | / | 2d | 500mL | GB/T 11892—1989 | |
| 总氮 | P 或 G | 用 $H_2SO_4$ 酸化，HCl 酸化至 pH≤2 | 24h | 250mL | HJ 636—2012 | |

（续）

| 测定项目 | 采样容器 | 保存方法及保存剂用量 | 保存时间 | 最低采样量 | 相关依据 | 备注 |
|---|---|---|---|---|---|---|
| 凯氏氮 | G | 用 $H_2SO_4$ 酸化，pH 1～2，1～5℃避光 | 1月 | 250mL | GB/T 11891—1989 | |
| 硝酸盐氮 | P 或 G | 用 HCl 酸化，pH 1～2 | 7d | 250mL | HJ/T 346—2007 | |
| 游离氯和总氯 | G | 避光，加入采样体积1%NaOH，充满玻璃瓶，若样品酸性，应加大量NaOH保证 pH＞12，冷藏 4℃ | 5d | 250mL | HJ 586—2010 HJ 585—2010 | 应尽量现场测定，避免接触空气 |
| 氟化物 | P | 1～5℃，避光 | 14d | 250mL | HJ 488—2009 | |
| 氯化物 | P 或 G | / | 1个月 | 100mL | HJ/T 343—2007 | |
| 总磷 | P 或 G | 用 $H_2SO_4$ 或 HCl 酸化至 pH≤1，或者冷藏 | 24h | 250mL | GB/T 11893—1989 | 空白样 |
| 砷、钙、镉、钴、铬、铜、铁、钾、铅、硒、锌 | P | 采样瓶置于硝酸中浸泡24h，之后实验水洗净，样品采集后通过滤膜过滤，加入适量硝酸到1%，如测元素总量，采样后立即加入硝酸 | 14d | 250mL | HJ 776—2015 | |
| 总汞 | P 或 BG | 充满，每升加 10mL 浓盐酸使 pH＜1，加 0.5g 重铬酸钾，使水呈淡黄色，冷藏 | 30d | 1 000mL | HJ 597—2011 GB/T 7469—1987 | |
| 总铬 | G | 加硝酸使 pH＜2 | 24h | 250mL | GB/T 7466—1987 | 尽快测定 |
| 总硒 | P | 加硝酸使 pH＜2 | 180d | 250mL | HJ 811—2016 GB/T 15505—1995 | |
| 铁、锰 | P | 硝酸浸泡 24h，采样后加硝酸使 pH＜2，如测可过滤态铁锰，采样后先滤膜过滤再酸化 | 14d | 250mL | GB/T 11911—1989 | |
| 六价铬 | G | 加 NaOH 调节 pH 8 | 24h | 250mL | GB/T 7467—1987 | |
| 汞、砷、硒、铋和锑 | | | | | HJ 694—2014 | |

（续）

| 测定项目 | 采样容器 | 保存方法及保存剂用量 | 保存时间 | 最低采样量 | 相关依据 | 备注 |
|---|---|---|---|---|---|---|
| 钙和镁总量 | G 或 P | 每升样品加 2mL 硝酸，使 pH 降至 1.5 | 14d | 250mL | GB/T 7477—1987 | |
| 钙和镁 | P | 采样前瓶子用硝酸泡 24h，然后去离子水洗净，加硝酸使 pH≤2，如测可溶性，过滤 | 14d | 250mL | GB/T 11905—1989 | |
| 钙 | G 或 P | 每升样品加 2mL 硝酸，使 pH 降至 1.5 | 14d | 250mL | GB/T 7476—1987 | |
| 全盐量 | G 或 P | | | 500mL | HJ/T 51—1999 | |
| 显影剂及其氧化物总量 | G 或 P | 避光、避热、避免剧烈震动，0～4℃冷藏，每升样品加 0.1g 硫代硫酸钠 | 48h | 250mL | HJ 594—2010 | |
| 总大肠菌群和粪大肠菌群 | G 或 P | 单独采样，不能预洗，样品瓶灭菌，0～4℃冷藏 | 8h | 250mL | HJ 755—2015 | |
| 蛔虫卵 | G 或 P | 运回实验室后过滤 | | 10L | HJ 775—2015 | |
| 粪大肠菌群 | | 单独采样，避光 | | | HJ/T 347—2007 | |

注：P 表示聚乙烯容器，G 表示硬质玻璃容器，BG 表示硼硅玻璃容器。

# 附录十　实验操作基本技能
## 第一部分　玻璃仪器的洗涤与干燥

### 一、玻璃仪器的洗涤

仪器的洗涤是化学实验中最基本的一种操作。仪器洗涤是否符合要求，直接影响实验结果的准确性和可靠性。所以，实验前必须将仪器洗涤干净。仪器用过之后要立即清洗，避免残留物质固化，造成洗涤困难。

玻璃仪器的洗涤方法很多，应根据实验要求、污物的性质和沾污的程度来选择洗涤方法。

（1）水洗　直接用水刷洗可以洗去水溶性污物，也可刷掉附着在仪器表面的灰尘和不溶性物质。但是这种方法不能洗去玻璃仪器上的有机物和油污。

（2）用去污粉、洗衣粉或肥皂洗涤　这种方法可以洗去有机物和轻度油污。洗涤时须对仪器内外壁仔细擦洗，再用水冲洗干净，直到没有细小的去污粉颗粒为止。

（3）用铬酸洗液洗涤　铬酸洗液是等体积的浓硫酸和饱和重铬酸钾溶液混合配制而成，它的强氧化性足以除去器壁上的有机物和油垢。对于前述洗法仍洗不净的仪器可用铬酸洗液先浸后洗的方法清洗。对一些管细、口小、毛刷不能刷洗的仪器，采取这种洗法效果很好。用铬酸洗液清洗时，先用洗液将仪器浸泡一段时间，对口小的仪器可先往仪器内加入量为仪器容积 1/5 的洗液，然后将仪器倾斜并慢慢转动仪器，目的是让洗液充分浸润仪器内壁，然后将洗液倒出。如果仪器污染程度很重，采用热洗液效果会更好些，但加热洗液时，要防止洗液溅出，洗涤时也要格外小心，防止洗液外溢，以免灼伤皮肤。洗液具有强腐蚀性，使用时千万不能用毛刷蘸取洗液刷洗仪器。如果不慎将洗液洒在衣物、皮肤或桌面时，应立即用水冲洗。废的洗液应倒在废液缸里，不能倒入水槽，以免腐蚀下水道和污染环境。

洗液用后，应倒回原瓶，可反复多次使用。多次使用后，铬酸洗液会变成绿色，这时洗液已不具有强氧化性，不能再继续使用。

（4）用有机溶剂清洗　有些有机反应残留物呈胶状或焦油状，用上述方法较难洗净，这时可根据具体情况采用有机溶剂（如氯仿、丙酮、苯、乙醚等）浸泡，或用稀氢氧化钠、浓硝酸煮沸除去。

已洗净的玻璃仪器应该是清洁透明且内壁不挂水珠。在进行多次洗涤时，使用洗涤液应本着"少量多次"的原则，这样可节约试剂，也能保证洗涤效果。用自来水洗净后，应根据实验要求，有时还须用蒸馏水、去离子水或试剂清洗。

## 二、玻璃仪器的干燥

有些实验要求仪器必须是干燥的，根据不同情况，可采用下列方法：

（1）倒置晾干　对于不急用的仪器，可将其倒插在格栅板上或实验室的干燥架上晾干。

（2）热（冷）风吹干　将仪器倒置控去水分，可用电吹风直接将仪器吹干。若在吹风前用少量有机溶剂（如乙醇、丙酮等）淋洗一下，则干得更快。

（3）加热烘干　将洗净的仪器控去残留水，放在电热干燥箱的隔板上，将温度控制在 105℃ 左右烘干。一些常用的蒸发皿、试管等器具可直接用火烘干。火烤试管时，要用试管夹夹住试管，使试管口朝下倾斜在火上烘烤，以免水珠倒流炸裂试管，并不断移动试管使其受热均匀，不见水珠后，去掉火源，将管口朝上让水蒸气挥发出去，见附图 10-1。

必须指出，在化学实验中，许多情况下并不需要将仪器干燥，如量器、容器等，使用前先用少量溶液润洗 2～3 次，洗去残留水滴即可。带有刻度的计量容器不能用加热法干燥，否则会影响仪器的精度，如需要干燥时，可采用晾干或冷风吹干的方法。

附图 10-1　试管烤干

# 第二部分　试剂的取用

## 一、固体试剂的取用

（1）取用固体试剂时一般用药匙，材质有牛角、塑料和不锈钢的等。药匙必须保持干燥、洁净，最好专匙专用。

（2）取用固体试剂时，先将瓶盖取下，仰放在实验台上，试剂取用后，要立即盖上瓶盖（注意不要盖错），并将试剂瓶放回原处，标签向外。

（3）取用一定量固体试剂时，可将固体放在称量纸上（不能用滤纸）或表面皿上，根据要求在台秤或天平上称量。具有腐蚀性或易潮解的固体药品不能放在纸上，应放在玻璃容器内进行称量。称量固体试剂时，要注意不能一下子取得很多，要逐渐添加。

（4）固体颗粒较大时，应在研钵中研碎。研钵中所盛固体量不得超过研钵容积的 1/3。

（5）有毒药品要在教师指导下取用。

## 二、液体试剂的取用

（1）从细口瓶取用液体试剂　取下瓶盖将其仰放在实验台上，用左手拿住容器（如试管、量筒等），右手握住试剂瓶，掌心对着试剂瓶上的标签，倒出所需量的试液，倒完后，应该将试剂瓶口在容器上靠一下，再使瓶子竖直，以免液滴沿外壁流下。

将液体从试剂瓶中倒入烧杯时，用右手握住试剂瓶，左手拿玻璃棒，使棒的下端斜靠在烧杯内壁上，将瓶口靠在玻璃棒上，使液体沿着玻璃棒往下流，如附图 10-2 所示。

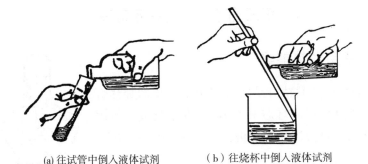

(a) 往试管中倒入液体试剂　　　（b）往烧杯中倒入液体试剂

附图 10-2　从试剂瓶中取用液体

（2）从滴瓶中取少量试剂　使用时提起滴管，用手指捏紧滴管上部的橡皮头，排去空气，再把滴管伸入试剂瓶中吸取试剂。往试管中滴加试剂时，只能把滴管尖头垂直放在管口上方滴加，如附图 10-3 所示。严禁将滴管伸入试管内，滴完后将滴管随即放入原滴瓶，切勿插错。一只滴瓶上的滴管不能用来移取其他试剂管中滴加液体试剂瓶中的试剂，也不能用其他吸管伸入试剂瓶吸取试液，以免污染试剂。

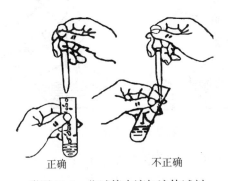

正确　　　　　　　不正确

附图 10-3　往试管中滴加液体试剂

（3）用量器取用试剂　量器可以是量筒或移液管。用量筒取用试剂时，可将试剂瓶上的标签方向握在手心里，将瓶口紧贴着量筒口边缘让试液流入筒内，如附图 10-4。当量筒内溶液的弯月面底部与所需液量的刻度相切时，即得所需量的试液。如果取得过多，不得将已取出的试液倒回原瓶，要倒入指定容器内。

附图 10-4　用量筒量取液体的操作

# 第三部分  加热与制冷

## 一、常用加热器具

（1）酒精灯  酒精灯是实验室中最常用的加热灯具。酒精灯由灯罩、灯芯和灯体三部分组成，如附图 10-5 所示。酒精灯的加热温度一般在 400～500℃，适用于温度不太高的实验。

附图 10-5  酒精灯的构造

酒精灯要用火柴点燃，决不能用燃着的酒精灯点燃（附图 10-6），否则易引起火灾。熄灭灯焰时，用灯罩将火盖灭，决不允许用嘴去吹灭。当灯中的酒精少于 1/4 时需添加酒精，添加时一定要先将灯熄灭，然后拿出灯芯添加酒精，添加的量以不超过酒精灯容积的 2/3 为宜。长期不用的酒精灯，在第一次使用时，应先打开灯罩，用嘴吹去其中聚集的酒精蒸气，然后点燃，以免发生事故。

附图 10-6  酒精灯的使用

（2）煤气灯的使用  实验室中如果有煤气，在加热操作中常用煤气灯。煤气由导管输送到实验台上，用橡皮管将煤气龙头和煤气灯相连。煤气中含有毒性物质（但它燃烧后的产物却是无害的），所以应防止煤气泄漏。不用时，一定要注意把煤气龙头关紧。煤气有特殊气味，泄漏时极易嗅出。

煤气灯的构造见附图 10-7。在灯管上，可以看见灯座的煤气出口和空气入口，转动灯管可完全关闭或不同程度地开放空气入口，以调节空气的进入量。灯座下有螺丝，当灯管空气

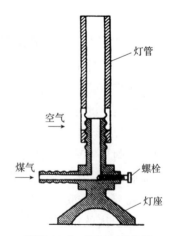

附图 10-7  煤气灯的构造

入口完全关闭时，点燃进入煤气灯的煤气，此时的火焰呈黄色（系碳粒发光所产生的颜色），煤气燃烧不完全时，火焰的温度并不高。逐渐加大空气的进入量，煤气的燃烧就逐渐完全，这时火焰分为三层。如附图 10-8 所示：内层为焰心，其温度最低，约为 300℃；中层为还原焰，这部分火焰具有还原性，温度较内层焰心高，火焰是淡蓝色；外层为氧化焰，这部分火焰具有氧化性，在煤气火焰中，最高温度处在还原焰顶端上部的氧化焰中（约 1 600℃），火焰是淡紫色。实验时，一般用氧化焰来加热。

当空气或煤气的进入量调节不适当时，会产生不正常的凌空火焰和侵入火焰（附图 10-9），这时应立即关闭煤气，稍后再重新点燃。

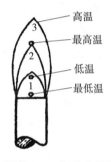
高温
最高温
低温
最低温

附图 10-8　灯的火焰温度的分布

附图 10-9　不同火焰的对比

（3）酒精喷灯　在没有煤气的实验室中，常使用酒精喷灯（附图 10-10）进行加热。酒精喷灯是金属制品，酒精喷灯的火焰温度通常可达（700～1 000）℃。使用前，先在预热盘上注满酒精，然后点燃盘内的酒精，以加热铜质灯管。待盘内酒精将燃完时，开启开关，这时酒精在灼热的灯管内汽化，并与来自气孔的空气混合，用火柴在管口点燃，即可得到温度很高的火焰。调节开关螺丝，可以控制火焰大小。用毕，旋紧开关，可使灯焰熄灭，关好储罐开

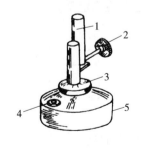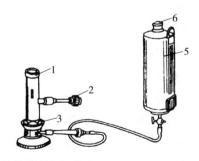

附图 10-10　酒精喷灯类型和构造
1. 灯管　2. 空气调节器　3. 预热盘　4. 铜帽　5. 酒精壶　6. 盖子

关，以免酒精漏失，造成危险。

使用时注意以下三点：

①在点燃酒精喷灯前，灯管必须充分灼烧，否则酒精在管内不会全部汽化，会有液态酒精从管口喷出形成"火雨"，甚至引起火灾。这时应先关闭开关，并用湿抹布熄灭火焰，然后重新点燃。

②不用时，在关闭开关的同时必须关闭酒精储罐的活塞，以免酒精泄漏，造成危险。

③不得将储罐内酒精耗尽，当剩余 50mL 左右时应停止使用，添加酒精。

（4）电炉、电加热套、管式炉和马福炉、烘箱  这些都能代替仪器进行加热。其温度高低可以通过一定装置来控制。电炉和电加热套可通过外接变压器来调节加热温度。用电炉时，需在加热容器和电炉间垫一块石棉网，使加热均匀。箱式电炉一般用电炉丝做发热体，温度可以调节控制。温度测量一般用热电偶。

（5）热浴  常用的热浴有水浴、油浴、沙浴、空气浴等。被加热物质需均匀受热时可根据受热温度的不同来选择。温度不超过 100℃可选用水浴。沙浴适用于加热温度在 220℃以上者，沙浴的缺点是传热慢，温度上升慢，且不易控制，砂层要厚些，特别注意，受热仪器不能触及浴盘底部。油浴适用于 100～250℃的加热操作，常用的油有甘油、植物油、液体石蜡。沸点在 80℃以上的液体原则上均可采用空气浴加热。

（6）微波炉  微波炉作为一种新型的加热工具已被引入化学实验室。

①微波炉的特点  微波炉在实验室中可用来干燥玻璃仪器，加热或烘干试样。如以重量法测定可溶性钡盐中的钡时，可用微波干燥恒重玻璃坩埚及沉淀，也可用于有机化学中的微波反应。

微波炉加热有快速、能量利用率高、被加热物体受热均匀等优点，但不能恒温，不能准确控制所需的温度。因此，只能通过实验确定微波炉的功率和加热时间，以达到所需的加热程度。

②使用方法

A. 将待加热器皿均匀放在炉内玻璃转盘上。

B. 关上炉门，选择加热方式；顺时针方向旋转定时器至所需时间。加热结束后，会自动停止工作，并发出提示铃声。

C. 金属器皿、细口瓶或密封的器皿不能放入炉内加热。

D. 炉内无待加热物体时不能开机，待加热物体很少时不能长时间开机，以免空载运行（空烧）而损坏机器。

E. 不要将炽热的器皿放在冷的转盘上，也不要将冷的带水器皿放在炽热的转盘上，以防止转盘破裂。

F. 前一批干燥物取出后，不要关闭炉门，让其冷却，5～10min后才能放入后一批待加热的器皿。

## 二、加热方法

### 1. 液体直接加热

适用于在较高温度下不分解的溶液或纯液体，一般把装有液体的器皿放在石棉网上，用酒精灯、煤气灯、电炉和电热套等直接加热（附图10-11）。试管中的液体一般可直接放在火焰上加热（附图10-12），但是易分解的物质或沸点较低的液体应放在水浴中加热。在火焰上加热试管中的操作时，注意以下几点：

万用电炉　　　　　　　　　　　加热套

附图10-11　液体加热仪器

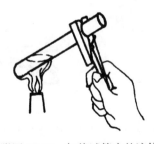

附图10-12　加热试管中的液体

（1）应该用试管夹夹住试管的中上部，不能用手拿着试管加热。

（2）试管应稍微倾斜，管口向上。

（3）应先使试管各部分受热均匀，加热液体的中上部，再慢慢往下移动，然后不时地上下移动，不要集中加热某一部位，否则容易引起暴沸，使液体冲出管外。

（4）不要把试管口对着别人或自己的脸部，以免发生意外。

（5）试管中所盛液体不得超过试管高度的 1/2。

**2. 固体的加热**

①在试管中加热　加热少量固体时，可用试管直接加热。为避免凝结在试管口的水珠回流至灼热的管底使试管炸裂，应将试管口稍向下倾斜，如附图 10-13 所示。

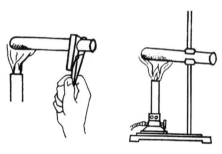

附图 10-13　加热固体

②在坩埚中灼烧　当固体需要高温时，可将固体放在坩埚中灼烧，先用小火烘烤坩埚使其受热均匀，然后再加大火焰灼烧〔附图 10-14（a）〕。要取下高温的坩埚时，必须使用干净的坩埚钳。先在火焰旁预热一下钳的尖端，再去夹取。坩埚钳用后，应尖端向上放在桌上（如果温度高，应放在石棉网上）〔附图 10-14（b）〕。

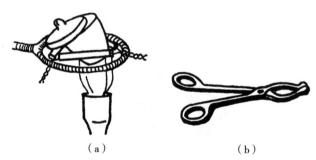

（a）　　　　　　　　　　（b）

附图 10-14　坩埚的灼烧与夹具
（a）坩埚的灼烧　（b）坩埚钳

# 三、制冷技术

在化学实验中有些反应和分离、提纯要求在低温下进行，通常根据不同要求，选用合适的制冷技术。

**1. 自然冷却**

热的液体可在空气中放置一定时间，任其自然冷却至室温。

**2. 吹风冷却和流水冷却**

当实验需要快速冷却时，可将盛有溶液的器皿放在冷水流中冲淋或用鼓风机吹风冷却。

**3. 冷冻剂冷却**

要使溶液的温度低于室温时，可使用冷冻剂冷却。最简单的冷冻剂是冰盐溶液，100g 碎冰和 30g NaCl 混合，温度可降至 $-20℃$。10 份六水合氯化钙（$CaCl_2 \cdot 6H_2O$）结晶与 $7\sim8$ 份碎冰均匀混合，温度可达（$-40\sim-20$）℃。更冷的制冷剂是干冰（固体 $CO_2$）与适当的有机溶剂混合时，可得到更低的温度，与乙醇的混合物可达 $-72℃$，与乙醚、丙酮或氯仿的混合物可达到 $-77℃$。

必须指出，温度低于 $-38℃$ 时，不能用水银温度计，应改用内装有机液体的低温温度计。

**4. 回流冷凝**

许多有机化学反应需要使反应物在较长时间内保持沸腾才能完成。为了防止反应物以蒸气逸出，常用回流冷凝装置使蒸气不断地在冷凝管内冷凝成液体，返回反应器中。为了防止空气中的水蒸气浸入反应器或反应放出有毒气体，可在冷凝管上口连接干燥管［附图 10-15(a)］或气体吸收装置［附图 10-15（b）］。［附图 10-15(c)］是有滴液装置的回流装置。为了使冷凝管的套管内充满冷却水，应从下面的入口通入冷却水，水流速度能保持蒸气充分冷凝即可。进行回流操作时，也要控制加热，蒸气上升的高度一般以不超过冷凝管的 1/3 为宜。

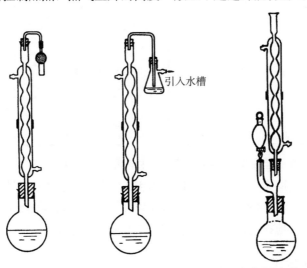

（a）连接干燥管　（b）连接气体吸收装置　（c）有滴液装置的回流装置

附图 10-15　回流装置

# 第四部分　常用度量仪器的校准

## 一、温度计的校准

温度计上的读数与真实温度之间常有一定的偏差。这可能是由温度计质量引起的。例如，一般温度计中的毛细管孔径不一定很均匀，有时刻度也不很准确；另外，温度计有全浸式和半浸式之分。全浸式温度计的刻度是在温度计的汞线全部均匀受热的情况下刻出来的，而有些测定仅有部分汞线受热，因而露出的汞线温度当然较全部受热者为低；另外，经长期使用的温度计，玻璃也可能发生体积变形而使刻度不准。

为了校正温度计，可选用一标准温度计与之比较。也可采用一系列纯化合物的熔点作校正标准，测定它们的熔点，以观察到的熔点作纵坐标，以测得熔点与准确熔点的差值作横坐标，画出曲线。在任一温度时的校正值即可直接从曲线中读出。可供校正温度计的标准样品及其熔点见附表 10-1，校正时可以具体选择。

附表 10-1　校正温度计的标准样品

| 化合物 | 熔点（℃） | 化合物 | 熔点（℃） |
|---|---|---|---|
| 水-冰 | 0 | 苯甲酸 | 122.4 |
| α-萘胺 | 50 | 尿素 | 135 |
| 二苯胺 | 53 | 二苯基羟基乙酸 | 151 |
| 对二氯苯 | 53 | 水杨酸 | 159 |
| 苯甲酸苄酯 | 71 | 对二苯酚 | 173～174 |
| 萘 | 80.55 | 3,5-二硝基苯甲酸 | 205 |
| 间二硝基苯 | 90.02 | 蒽 | 216.2～216.4 |
| 二苯乙二酮 | 95～96 | 酚酞 | 262～263 |
| 乙酰苯胺 | 114.3 | 蒽醌 | 286（升华） |

温度计的零点测定最好用蒸馏水和纯冰的混合物。在一个 15～25cm 的试管中放入 20mL 蒸馏水，将试管浸在冰盐浴中，至蒸馏水部分结冰，用玻璃棒搅动，使之成冰水混合物，将试管从冰盐浴中移出，然后将温度计插入冰水中，用玻璃棒轻轻地搅动混合物，温度恒定 2～3min 后读数。

## 二、量器的校正

量器的容积随温度的不同和质量的差异而有所变化，因此，要求较高的定量分析实验，要对容量器皿进行校准。

容积的单位用"标准升"表示；即在真空中质量 1kg 的纯水，在 3.98℃和标准大气压下所占的体积。但规定的 3.98℃这个温度太低，不实用。常用 20℃作为标准温度，在此温度下，1kg 纯水在真空中所占的体积，称为 1"规定升"，简称为"升"。升的 1/1 000 为毫升，它是定量分析的基本单位。我国生产的量器容积均以 20℃为标准温度标定。

校正量器常采用称量法（或衡量法），即称量量器中所容纳（或放出）的水的质量，然后根据该温度下的水的密度（根据公式 $V = m/\rho$）换算成 20℃时的标准容积（式中，$V$ 为水的体积；$m$ 为水的质量；$\rho$ 为水的密度）。

不过由于玻璃容器和水的体积均受温度的影响，称量时也受空气浮力的影响，故校正时应考虑下列三种因素：水的密度受温度的影响，在空气中称量所受空气浮力的影响；玻璃的膨胀系数受温度的影响。将以上三个因素的校正值合并为一个总的校正值 $\Delta$，并经精确测量列表（附表 10-2）。

量器是以标准温度 20℃来标定或校正的。一般来说，精密度在 0.1% 的分析工作中，测量体积的温度差允许±2℃；精密度在 0.2% 时，可允许有±5℃的温度差。

**附表 10-2　在不同温度下充满"20℃ 1 升"量器纯水的质量**

（在空气中用黄铜砝码称重）

| 温度<br>（℃） | 总校正值<br>（g） | 1 升水的质量（g）<br>（1 000−$\Delta$） | 温度<br>（℃） | 总校正值<br>（g） | 1 升水的质量（g）<br>（1 000−$\Delta$） |
|---|---|---|---|---|---|
| 10 | 1.61 | 998.39 | 22 | 3.20 | 996.80 |
| 11 | 1.68 | 998.32 | 23 | 3.40 | 996.60 |
| 12 | 1.77 | 998.23 | 24 | 3.62 | 996.38 |
| 13 | 1.86 | 998.14 | 25 | 3.83 | 996.17 |
| 14 | 1.96 | 998.04 | 26 | 4.07 | 995.93 |
| 15 | 2.07 | 997.93 | 27 | 4.31 | 995.69 |
| 16 | 2.20 | 997.80 | 28 | 4.56 | 995.44 |
| 17 | 2.35 | 997.65 | 29 | 4.82 | 995.18 |
| 18 | 2.49 | 997.51 | 30 | 5.09 | 994.91 |
| 19 | 2.66 | 997.34 | 31 | 5.35 | 994.64 |
| 20 | 2.82 | 997.18 | 32 | 5.66 | 994.34 |
| 21 | 3.00 | 997.00 | 33 | 5.94 | 994.06 |

容量瓶和移液管的校正方法为：

（1）容量瓶的校正　用水洗净容量瓶，再用少量无水乙醇清洗内壁，倒挂在漏斗架上晾干。在天平上称取容量瓶质量（准确到 0.01g），小心倒入与室温平衡的蒸馏水至刻度，用滤纸吸干瓶颈内壁的水后盖好瓶塞，再称其质量，两次质量之差即为水重。根据水温从表 10-2 查出 1L 水的质量，就可求出容量瓶的容积。也可根据实验室水温和表 10-2 查出水的密度，计算出该容量瓶应该盛水的质量，再在天平上向容量瓶中小心地注入该质量的水，取下容量瓶，做上新标记。

（2）移液管的校正　用称量法，即事先准确称量一个有塞的小锥形瓶，用移液管准确移取蒸馏水放入锥形瓶中，盖好塞子后再称其质量。两次之差即为水的质量，根据水温和表 10-2 有关数据，计算出移液管的容积。

（3）移液管和容量瓶的相互校正　在实际工作中，移液管和容量瓶是配套使用的。用 25mL 移液管从 250mL 容量瓶中吸取一次应为 1/10，因此校正方法是取 25mL 移液管，量取蒸馏水放于干燥洁净的 250mL 容量瓶中，量取 10次后，看水面与原标线是否吻合。如不吻合，可刻上新标记，作为与该移液管配套使用时的容积。

# 第五部分　溶液的配制与移取

## 一、量器的分类与分级

量器通常分为两类：一类是量出式量器，如滴定管、移液管等，用于准确量取溶液体积的，在器上标有"Er"字样。另一类是量入式量器，如容量瓶等，用于测量注入量器中液体的体积（即溶液定容），在量器上标有"In"字样。量器主要根据容量允差与水的流出时间分为：A、$A_2$、B 三级，具体指标如附表 10-3 所示。

**附表 10-3　量器分级标准举例**

| 量器名称 | 容积（mL） | 容量允差（mL） | | | 水的流出时间（s） | |
| --- | --- | --- | --- | --- | --- | --- |
| | | A 级 | $A_2$ 级 | B 级 | A/$A_2$级 | B 级 |
| 移液管 | 25 | ±0.030 | | ±0.060 | 25～35（A） | 20～35 |
| 容量瓶 | 500 | ±0.25 | | ±0.50 | | |

从表中看出，A 级的准确度比 B 级高一倍。$A_2$ 级的准确度界于 A、B 之间，但水的流出时间与 A 级相同。量器的级别标志，过去曾用"一等""二

等""Ⅰ""Ⅱ"或"（1）""（2）"等表示。无上述字样符号的量器，则表示无级别的，如量筒、量杯等。此外快流式量器（如移液管等）标有"快"字，吹出式量器（如吸量管等）标有"吹"字。

所谓流出时间是指量器内全量液体通过流液嘴自然流出的时间。

在滴定分析中，测量体积的误差要比称量误差大，测量溶液体积的误差一是取决于所用量器的容积刻度是否准确，二是取决于量器是否干净，量器的准备和操作是否正确。下面分别讨论这些问题。

## 二、量器的洗涤

量器使用前必须洗净。因为很少一点油污就会使液滴附着内壁，直接影响测量溶液体积的准确度。量器洗净的标准是内壁能被水膜均匀地湿润而不挂水珠（或内壁无曲线状的水流现象）。

分析实验室洗涤量器常用的洁净剂有去污粉、洗衣粉、肥皂及各种洗涤剂（包括有机溶剂）。

一般的玻璃器皿如烧杯、锥形瓶、表面皿等可用刷子蘸取去污粉、洗衣粉、肥皂液等直接刷洗内外表面，但滴定管、移液管、容量瓶等量器不能这样洗涤。因为去污粉由碳酸钠、白土和细沙混合而成，如果用刷子蘸取洗刷会磨损量器内壁。若量器内壁沾有油脂性污物用自来水冲洗不干净时，可先用合适的洗涤剂洗涤，必要时可将洗涤剂预先加热并浸泡一段时间再进行洗涤。滴定管等量器不宜使用强碱性洗涤剂，避免玻璃受腐蚀而影响量器的精度。

量器用洗涤剂洗后应立即用自来水冲洗，而后再用蒸馏水或去离子水将量器的全部内壁润洗三次，每次用量 5～10mL（遵循"少量多次"的原则），润洗时应振荡并将残液倾尽。洗净后的量器内壁不要用布或纸擦，不要用手摸，不要接触外物，以免再次弄脏。

下面简介几种常用洗涤剂：

洗涤剂有酸性、碱性、氧化性、还原性等多种类型，选用哪种洗涤剂要根据量器内的污物来定。酸性（或碱性）污垢，用碱性（或酸性）洗涤剂洗涤。氧化性（还原性）污垢，用还原性（或氧化性）洗涤剂洗涤。有机物污垢用碱性洗涤剂或有机溶剂洗涤。

（1）铬酸洗液　称取工业用 $K_2Cr_2O_7$ 10g 于烧杯中，加入 30mL 热水溶解，冷却后一边搅拌一边慢慢加入 170mL 浓 $H_2SO_4$（注意安全），溶液呈暗红色，冷却后贮于磨口具塞细口瓶中备用。铬酸洗液有很强的氧化性，去污力很强，对玻璃的腐蚀作用较小。适于洗涤一些口小、管细的量器。使用铬酸洗液应注意以下几点：

①铬酸洗液用后应倒回原瓶，可反复使用，当铬酸洗液由红棕色变为黑绿色，$K_2Cr_2O_7$被还原，说明洗液已失去洗涤效能。

洗涤时残留在被洗涤器具中的稀铬酸洗液不能直接倒入下水道，应集中储存在废液瓶中，再依次用硫酸亚铁和废碱液处理。当铬酸洗液失去洗涤效能，为避免造成环境污染，首先在废液中加入硫酸亚铁，使残留有毒的六价铬还原成无毒的三价铬，再加入废碱液或石灰使三价铬转化为 $Cr(OH)_3$ 沉淀，埋于地下。

②配好的洗液应储存在磨口瓶内，因浓硫酸有强吸水性，以防洗液吸水而降低洗涤效能。被洗涤的器具先用水洗，待风干后，再用铬酸洗液洗涤，以免洗液被水稀释而降低洗涤效果。避免局部热量猛增而引起爆炸。

③铬酸洗液的吸水性很强，使用后应及时将瓶盖严，以防吸水降低去污能力。量器装入铬酸洗液前应将残水倾尽，以免铬酸洗液被水稀释。

④铬酸洗液洗过的量器在第一次少量自来水冲洗时，要将冲洗的水倒入废液缸中，否则会腐蚀水槽和下水道。

⑤量器能用别的洗涤方法洗净时，最好不用铬酸洗液洗涤，因其成本高且易造成污染。

⑥铬酸洗液的铬能被玻璃吸附，所以，不适于洗涤微量玻璃仪器，以避免造成分析误差。

（2）高锰酸钾碱溶液 称取 4g 高锰酸钾溶于少量水中，再慢慢加入 10％的 NaOH 溶液 100mL 即成。主要用于洗涤油渍及有机物。

（3）肥皂液、碱液或合成洗涤剂 配成浓溶液可用于洗涤油脂及有机酸类。

（4）酸性草酸或盐酸羟胺洗液 取 10g 草酸或 1g 盐酸羟胺，溶于 1 000mL 20％的 HCl 溶液中即成酸性草酸或盐酸羟胺洗液。草酸比盐酸羟胺便宜经济，常用草酸。可用于洗涤氧化性强的物质，如盛过高锰酸钾、三价铁离子的量器。

（5）有机溶剂洗液 丙酮、乙醚、苯等有机溶剂可作洗液直接使用。或配成 NaOH 饱和乙醇溶液使用。适用于对聚合物、油脂及其他有机物的洗涤。

（6）酒精-浓硝酸洗液 适用于洗涤沾有有机物或油污而结构较复杂的仪器。洗涤时先加少量酒精于带油污仪器中，再加少量浓硝酸，即产生大量棕色 $NO_2$ 将有机物氧化、破坏。

## 三、量器的基本操作技术

### （一）容量瓶

容量瓶是一种细颈梨形的平底玻璃瓶，带有磨口玻璃塞或塑料塞，颈部刻有环形标线。一般表示在20℃时，液面高度达到标线时容积为一定值。有25mL、50mL、100mL、200mL、500mL和1 000mL等规格。

容量瓶是配制标准溶液或样品溶液时使用的精密量器。正确使用容量瓶应注意以下几点：

**1. 容量瓶的检查**

（1）检查瓶塞是否漏水　加自来水至标线附近，盖好瓶塞。左手食指按住塞子，其余手指拿住瓶颈标线以上部位。右手指尖托住瓶底边缘，如附图10-16所示。将瓶倒立2min，如不漏水，将瓶子直立，旋转瓶塞180°后，再倒立2min，仍不漏水方可使用。

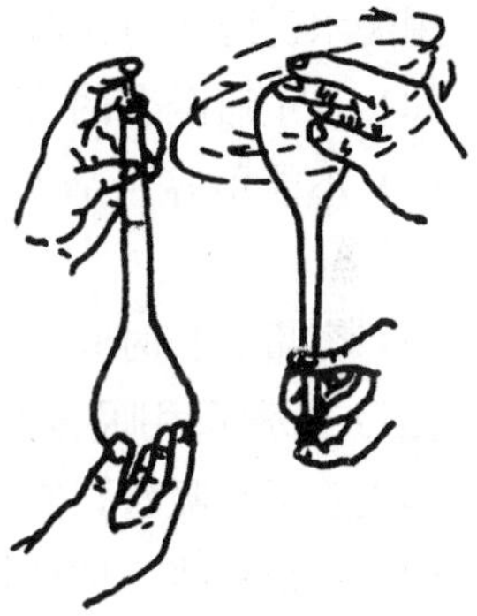

（2）检查刻度标线距离瓶口是否太近　如果刻度标线离瓶口太近，则不便混匀溶液，不宜使用。

附图10-16　拿容量瓶的方法

**2. 溶液配制**

用容量瓶配制标准溶液或样品液时，最常用的方法是将准确称量的待溶固体置小烧杯中，用蒸馏水或其他溶剂将固体溶解，然后将溶液定量转移至容量瓶中。转移时，右手拿玻璃棒，左手拿烧杯，使烧杯嘴紧靠玻璃棒，玻璃棒伸入容量瓶内，玻璃棒的下端靠在瓶颈内壁，使溶液沿玻璃棒流入瓶内，如附图10-17所示。每次转移完毕，要将玻璃棒慢慢向上提起，使附在玻璃棒和烧杯嘴之间的液滴回到烧杯中（玻璃棒不要靠在烧杯嘴一边）。然后用洗瓶冲洗玻璃棒和烧杯3～4次（每次5～10mL），冲洗的洗液按上述方法完全转入容量瓶中。加蒸馏水稀释至容积的

附图10-17　溶液从烧杯转
移入容量瓶

2/3处时，用右手食指和中指夹住瓶塞扁头，将容量瓶拿起，向同一方向摇动几周使溶液初步混匀（切勿倒置容量瓶）。当加蒸馏水至标线下1cm左右时，

等 1～2min，使附在瓶颈内壁的溶液流下，再用细长滴管滴加蒸馏水恰至刻度线（勿将滴管接触溶液；视线平视；加水切勿超过刻度标线，若超过应弃去重做）。盖紧瓶塞，将容量瓶倒置，使气泡上升到顶。振摇几次再倒转过来，如此反复倒转摇动 15 次左右，使瓶内溶液混合均匀。

**3. 使用注意事项**

（1）用容量瓶定容时，溶液温度应和瓶上标示的温度相一致。

（2）容量瓶同量筒、量杯、吸量管和滴定管一样不得在烘箱中烘烤，也不能在电炉上加热，否则会在刻度标线处断裂。如需要干燥时，可将容量瓶洗净，用无水乙醇等有机溶剂润洗后晾干或用电吹风吹干。

（3）容量瓶配套的塞子应挂在瓶颈上，以免沾污或打碎。

（4）不能用容量瓶长期存放配好的溶液。溶液若需保存，应贮于试剂瓶中。

（5）容量瓶长时间不用时，瓶与塞之间应垫一小纸片。

**（二）移液管和吸量管**

移液管简称吸管，它的中间有一膨大部分（称为球部），上下两段细长。上端刻有环形标线，球部标有容积和温度。吸管是准确移取一定体积液体的量器。常用的移液管有 10mL、20mL、25mL、50mL 等多种规格。

吸量管是具有分刻度的玻璃管，又称刻度移液管。常用的吸量管有 1mL、2mL、5mL、10mL 等。用它可以吸取标示范围内所需任意体积的溶液，但准确度不如移液管。

**1. 移液管和吸量管使用前的准备工作**

（1）洗涤　移液管或吸量管的洗涤应达到管内壁和其下部的外壁不挂水珠。

（2）润洗　为保证移取的溶液浓度不变，先用滤纸将移液管尖嘴内外的水沾净，然后用少量被移取的溶液润洗三次，并注意勿使移液管中润洗的溶液流回原溶液中。

**2. 移液操作**

用右手大拇指和中指拿住移液管标线的上方，将移液管的下端伸入被移取溶液液面下 1～2cm 深处。深入太浅，会产生空吸现象；太深又会使管的外壁黏附溶液过多，影响所量体积的准确性。左手将洗耳球捏瘪，把尖嘴对准移液管口，慢慢放松洗耳球，使溶液吸入管中，如附图 10-18 所示。当溶液上升到高于标线时，迅速移去洗耳球，立即用食指按住管口。取出移液管，用滤纸片除去管外壁黏附着的溶液，而后使管尖嘴靠在贮液瓶内壁上，减轻食指对管口的压力，用拇指和中指转动移液管，使液面逐渐下降，直到溶液弯月面与标线相切时，用食指立即堵紧管口，不让溶液再流出。取出移液管插入接收容器中，移液管垂直、管的尖嘴靠在倾斜（约 45°）的接收容器内壁上，松开食指，让溶液自由流出，如附图 10-19 所示，全部流出后再停顿约 15s，取出移液管。勿将残留在尖嘴末端的溶液吹入接收容器中，因为校准移液管时，没有把这部分体积计算在内。个别移液管上标有"吹"字的，可把残留管尖的溶液吹入容器中。

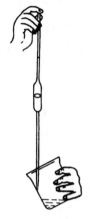

洗耳球

附图 10-18　移液管吸液　　　　　　附图 10-19　移液管放液手法

吸量管的操作方法同上。使用吸量管时，通常是使液面从吸量管的最高刻度降到某一刻度，两刻度之间的体积差恰好为所需体积。在同一实验中尽可能使用同一吸量管的同一刻度区间。

**3. 使用注意事项**

（1）用移液管吸取液体时，必须使用洗耳球或抽气装置，切记勿用口吸。

（2）保护好移液管和吸量管的尖嘴部分，用完洗好，及时放在移液管架上，以免在实验台上滚动损坏。

（3）共用移液管在实验完毕后应立即洗涤干净，要经老师检查后放回原处。

## 四、量器的选用

在分析实验中，合理选用各种量器是提高分析结果准确度，提高工作质量和效率的重要一环。例如，配制 $c$（$Na_2S_2O_3$）＝0.1mol/L 的溶液 1L，是近似浓度溶液的制备，只要求 1～2 位有效数字，可用灵敏度较低的台秤（称准至±0.1g）称 25g $Na_2S_2O_3 \cdot 5H_2O$ 固体试剂，用 1 000mL 的量筒量取蒸馏水配制即可，不必选用容量瓶等量器；而若用直接法配制 $c$（$1/2Na_2CO_3$）＝0.100 0mol/L 的溶液 1L，由于浓度要求准确（四位有效数字），必须选用分析天平（称准至±0.000 1g）称取纯净、干燥的无水碳酸钠基准物质 5.299 5g，并选用 1 000mL 容量瓶（量准至±0.01mL）按定量要求严格进行配制。又如，分别量取 2.0mL，4.0mL，6.0mL，8.0mL，10.0mL 标准溶液，作分光光度法的工作曲线，为使所移取的标准溶液的体积准确且标准一致，应选用一支 10mL 的吸量管；而若需取 25.00mL 未知浓度的醋酸溶液，用 NaOH 标准溶液测定其含量时，则应选用 25mL 的移液管（量准至±0.01mL）按移液操作要求移取醋酸溶液，用 50mL 的碱式滴定管（量准至±0.01mL）盛 NaOH 标准溶液进行滴定。

由上可知，应根据实验准确度的要求，合理地选用相应的量器。该准确的地方一定要很准确，可粗放或允许误差大些的地方，用一般量器即可达到要求。要有明确的"量"的概念。这就是分析实验中应有的"粗细要分清，松严有界限"的实事求是的科学态度。

## 五、滴定管（酸式、碱式）的使用方法

滴定管是滴定时用来准确测量流出的滴定剂体积的量器。常量分析用的滴定管容积为 50mL 和 25mL，最小分度值为 0.1mL，读数可估计到 0.01mL。

实验室最常用的滴定管有两种：一种是碱式滴定管，它的下端连接橡皮软管，内放玻璃珠，橡皮管下端再连尖嘴玻璃管，见附图 10-20（a）；另一种是酸式滴定管，其下部带有磨口玻璃活塞的酸式滴定管（也称具塞滴定管），如附图 10-20（b）所示。

酸式滴定管只能用来盛放酸性、中性或氧化性溶液，不能盛放碱液。因为磨口玻璃活塞会被碱类溶液腐蚀，放置久了会粘连。

碱式滴定管用来盛放碱液，不能盛放氧化性溶液如 $KMnO_4$、$I_2$ 或 $AgNO_3$ 等，避免腐蚀橡皮管。

近年来又制成了聚四氟乙烯酸碱两用滴定管，其旋塞是用聚四氟乙烯材料做成的，耐腐蚀、不用涂油、密封性好。在此主要介绍前两种

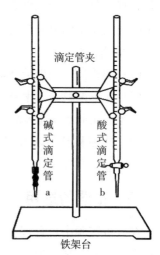

附图 10-20　滴定管

滴定管的洗涤和使用方法。

**1. 滴定管使用前的准备**

（1）滴定管的洗涤　无明显油污的滴定管，直接用自来水冲洗。若有油污，则用洗涤剂和滴定管刷洗涤，或直接用超声波洗涤器洗涤。洗涤后，先用自来水将管中附着的洗液冲净，再用蒸馏水洗几次。洗净的滴定管的内壁应完全被水均匀润湿而不挂水珠。

（2）活塞涂油和检漏　酸式滴定管使用前，应检查活塞转动是否灵活而且不漏。如不符合要求，则取下活塞，用滤纸擦干净活塞及塞座。用手指蘸取少量（切勿过多）凡士林，在活塞大头端涂极薄的一层（注意远离活塞孔），在塞座小端内涂少量，把活塞径直插入塞座内，向同一方向转动活塞（不要来回转），直到从外面观察到凡士林均匀透明为止。如果是滴定管的出口管尖堵塞，可先用水充满全管，将出口管尖浸入热水中，温热片刻后，打开活塞，使管内的水流突然冲下，将溶解的油脂带出。最后用小孔胶圈套在玻璃旋塞小头槽内，防止塞子滑出而损坏。

碱式滴定管使用前应检查橡皮管长度是否合适，是否老化变质。要求橡皮管内玻璃珠的大小合适，能灵活控制液滴。如发现不合要求，应重新装玻璃珠和橡皮管。

滴定管使用之前必须严格检查，确保不漏。检查时，将酸式滴定管装满蒸馏水，垂直夹在滴定管架上，放置 5min。观察管尖是否有水滴滴下，活塞缝隙处是否有水渗出，若不漏，将活塞旋转 180°，静置 5min，再观察一次，无漏水现象即可使用。碱式滴定管只需装满蒸馏水直立 5min，若管尖处无水滴滴下即可使用。

检查发现漏液的滴定管，必须重新装配，直至不漏才能使用。检漏合格的滴定管，需用蒸馏水洗涤 3～4 次。

（3）装入溶液和赶气泡　首先，将操作溶液摇匀，使凝结在瓶内壁上的液珠混入溶液。操作溶液应小心地直接倒入滴定管中，不能用其他容器（如烧杯、漏斗等）转移溶液。其次，在加满操作溶液之前，应先用少量此种操作溶液洗滴定管 2～3 次，以除去滴定管内残留的水分，确保操作溶液的浓度不变。

倒入操作溶液时，关闭活塞，用左手大拇指、食指与中指持滴定管上端无刻度处，稍微倾斜，右手拿住细口瓶往滴定管中倒入操作溶液，让溶液沿滴定管内壁缓缓流下。每次用约 10mL 操作溶液洗滴定管。用操作溶液洗滴定管时，要注意务必使操作溶液洗遍全管，并使溶液与管壁接触 1～2min，每次都要冲洗滴定管出口管尖，并尽量放尽残留溶液。然后，关闭酸式滴定管活塞，倒入操作溶液至"0"刻度以上为止。

为使溶液充满出口管（不能留有气泡），在使用酸式滴定管时，右手拿滴定管上部无刻度处，滴定管倾斜约30°，左手迅速打开活塞使溶液冲出，从而可使溶液充满全部出口管。如出口管中仍留有气泡，可重复操作几次。如仍不能使溶液充满，可能是出口管部分未洗涤干净，必须重新洗涤。对于碱式滴定管应注意玻璃珠下方的洗涤。

用操作溶液洗涤完后，将其装满溶液垂直地夹在滴定管架上，左手拇指和食指放在稍高于玻璃珠所在的部位，并使橡皮管向上弯曲（附图10-21），出口管斜向上，往一旁轻轻提高挤捏橡皮管，使溶液从管口喷出，再一边捏橡皮管，一边将其放直，这样可排除出口管的气泡，并使溶液充满出口管。

附图10-21　碱式滴定管排气方法

注意，橡皮管放直再松开拇指和食指，否则出口管仍会有气泡。排尽气泡后，加入操作溶液使之在"0"刻度以上，再调节液面在0.00mL刻度处，备用。如液面不在0.00mL时，则应记下初读数。

**2. 滴定管的使用**

（1）滴定管的操作　将滴定管垂直地夹于滴定管架上的滴定管夹上。

使用酸式滴定管时，用左手控制活塞，无名指和小指向手心弯曲，轻轻抵住出口管，大拇指在前，食指和中指在后，手指略微弯曲，轻轻向内扣住活塞，手心空握，如附图10-22（a）所示。转动活塞时切勿向外（右）用力，以防顶出活塞，造成漏液。也不要过分往里拉，以免造成活塞转动困难，不能自如操作。

使用碱式滴定管时，左手拇指在前，食指、中指在后，三指尖固定住橡皮管中玻璃珠，挤橡皮管内玻璃珠的外侧（以左手手心为内），使其与玻璃珠之间形成一条缝隙，从而放出溶液，见附图10-22（b）。注意：不能捏玻璃珠下方的橡皮管，以免当松开手时空气进入而形成气泡，也不要用力捏玻璃珠，或使玻璃珠上下移动。

应熟练自如地控制滴定管溶液流速的技术：①使溶液逐滴连续滴出；②只放出一滴溶液；③使液滴悬而未落（滴定管的管尖在瓶内靠一下时即为半滴。工厂中，熟练的分析人员快速旋转一周活塞也可为半滴）。

（2）滴定操作　滴定通常在锥形瓶中进行，锥形瓶下垫白瓷板作背景，右手拇指、食指和中指捏住瓶颈，瓶底离瓷板2~3cm。调节滴定管高度，使其下端伸入瓶口约 1cm。

左手按前述方法操作滴定管，右手用手腕的力量摇动锥形瓶，使瓶内液体逆时针方向做水平圆周运动，边滴加溶液边摇动锥形瓶（注意不要用大臂带动小臂摇，在整个滴定过程中，大臂始终处于放松状态），见附图 10-22（c）。

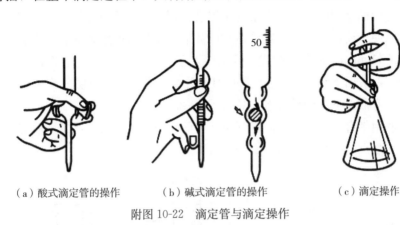

（a）酸式滴定管的操作　　　（b）碱式滴定管的操作　　　　　（c）滴定操作

附图 10-22　滴定管与滴定操作

在整个滴定过程中，左手一直不能离开活塞使溶液自流。摇动锥形瓶时，要注意勿使溶液溅出、勿使瓶口碰滴定管口，也不要使瓶底碰白瓷板，不要前后振荡。

一般，在滴定开始时无可见的变化，滴定速度可稍快，一般为 10mL/min，即 3～4 滴/s。滴定到一定时候，滴落点周围出现暂时性的颜色变化。在离滴定终点较远时，颜色变化立即消逝。临近终点时，变色甚至可以暂时地扩散到全部溶液，不过在摇动 1～2 次后变色完全消失。此时，应改为滴 1 滴，摇几下。等到必须摇 2～3 次颜色变化才完全消失时，表示离终点已经很近。微微转动活塞使溶液在出口管嘴上形成半滴，但未落下，用锥形瓶内壁将其沾下。然后将瓶倾斜把附于壁上的溶液洗入瓶中，再摇匀溶液。如此重复直至刚刚出现达到终点时出现的颜色而又不再消失为止。一般 30s 内不再变色即达到滴定终点。

每次滴定最好都从读数 0.00 开始，也可以从 0.00 附近的某一读数开始，这样在重复测定时，使用同一段滴定管，可减小误差，提高精密度。

滴定完毕，弃去滴定管内剩余的溶液，不得倒回原瓶。用自来水、蒸馏水冲洗滴定管，并装入蒸馏水到刻度以上，用一小玻璃管套在管口上，保存备用。

（3）滴定管读数　滴定开始前和滴定终了都要读取数值。读数时可将滴定管夹在滴定管夹上，也可以从管夹上取下，用右手大拇指和食指捏住滴定管上部无刻度处，使滴定管自然下垂，两种方法都应使滴定管保持垂直。

在滴定管中的溶液形成一个弯液面，无色或浅色溶液的弯液面下缘比较清晰，易于读数。读数时，使弯曲液面的最低点与分度线上边缘的水平面相切，视线与分度线上边缘在同一水平面上，以防止误差。

因为液面是球面，改变观察的位置会得到不同的读数，见附图 10-23（a）。

为了便于读数，可在滴定管后衬读数卡。读数卡可用黑纸或涂有黑长方形（约 3cm×1.5cm）的白纸制成。读数时，手持读数卡就在滴定管背后，使黑色部分在弯液面下约 1mm 处，此时即可看到弯液面的反射层成为黑色，然后读此黑色弯液面下缘的最低点，见附图 10-23（b）。

在使用带有蓝色衬背的滴定管时，液面呈现三角交叉点，应读取交叉点与刻度相交之点的读数，见附图 10-23（c）。

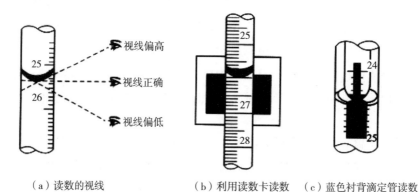

（a）读数的视线　　　　　（b）利用读数卡读数　　（c）蓝色衬背滴定管读数
附图 10-23 滴定管读数

颜色太深的溶液，如 $KMnO_4$、$I_2$ 溶液等，弯曲液面很难看清楚，可读取液面两侧的最高点，此时视线应与该点成水平。

必须注意，初读数与终点读数应采用同一读数方法。刚刚添加完溶液或刚刚滴定完毕，不要立即调整零点或读数，而应等 0.5～1min，以使管壁附着的溶液流下来，使读数准确可靠。读数须准确至 0.01mL。读取初读数前，若滴定管尖悬挂液滴时，应该用锥形瓶外壁将液滴沾去。在读取终读数前，如果出口管尖悬有溶液，此次读数不能取用。

# 第六部分　过　　滤

## 一、实验原理

过滤是实现固-液分离最常用的方法之一。溶液和结晶（沉淀）的混合物通过过滤，结晶（沉淀）就留在过滤器（如滤纸）上，溶液则通过过滤器而进入接收容器中。

## 二、过滤方法

溶液的黏度、温度、过滤时的压力、过滤器孔隙的大小和沉淀物的状态，都会影响过滤的速度和分离效果。溶液的黏度越大，过滤越慢；热溶液比冷溶液容易过滤；减压过滤比常压过滤快；过滤器的孔隙要合适，孔隙太大会使沉淀透过，太小则易被沉淀堵塞，使过滤难于进行。沉淀呈胶状时，需加热破坏后方可过滤，以免沉淀透过滤纸。总之，要考虑各方面的因素来选用合适的过滤方法。常用的方法有三种：常压过滤、减压过滤和热过滤。

### 1. 常压过滤

（1）用滤纸过滤

①滤纸的选择　滤纸分定性滤纸和定量滤纸两种。质量分析中，如需将滤纸连同沉淀一起灼烧后称质量，就采用定量滤纸。滤纸还有"快速"和"慢速"之分，前者用于过滤胶体沉淀，后者用于细晶形沉淀。滤纸的大小应根据沉淀量多少来选择，沉淀最多不得超过滤纸圆锥高度的1/2。

②漏斗　锥体角度应为60°，颈的直径一般为3～5mm，颈长为15～20cm，颈口处磨成45°角，漏斗的大小应与滤纸的大小相适，折叠后的滤纸上缘低于漏斗上沿0.5～1cm。

③滤纸的折叠和漏斗的准备　滤纸一般按四折法折叠，滤纸的折叠方法是先将滤纸整齐地对折，然后再对折，如附图10-24（a）。将其打开后成为顶角为60°的圆锥体，为保证滤纸和漏斗密合，第二次对折时不要折死，先把圆锥体打开，放入洁净而干燥的漏斗中，如果不十分密合，可以稍稍改变滤纸折叠的角度，直到与漏斗密合，再轻按滤纸，将第二次的折边折死，所得圆锥体的半边为三层、另半边为一层。然后取出滤纸，将紧贴漏斗的外层撕下一角，如附图10-24（b）。纸片存放于干燥的表面皿上，备用。

使滤纸和漏斗间没有空隙（注意三层与一层衔接处）。用洗瓶加 $H_2O$ 至滤

（a）

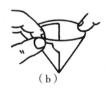

（b）

附图10-24　滤纸的折叠方法

纸边缘，这时漏斗颈内应全部被 $H_2O$ 充满且无气泡。

若不形成完整的水柱，可以用手堵住漏斗下口，稍掀起滤纸三层的一边，用洗瓶向滤纸与漏斗间的空隙里加 $H_2O$，直到漏斗颈中的气泡逸出和锥体的大部分被 $H_2O$ 充满，然后按紧滤纸边，放开堵住出口的手指，水柱即可形成。

④过滤  过滤一般分三个阶段进行。第一阶段采用倾注法，尽可能地过滤清液；第二阶段是将沉淀转移到滤纸上；第三阶段是清洗烧杯和洗涤漏斗上的沉淀。

采用倾注法是为了避免沉淀堵塞滤纸上的空隙，影响过滤速度。如附图 10-25（a）所示，待烧杯中沉淀下降以后，将清液倾入漏斗中，而不是一开始过滤就将沉淀和溶液搅混后进行过滤。溶液应沿着玻璃棒流入漏斗中，玻璃棒的下端尽可能接近滤纸三层厚的一边，但不能接触滤纸，倾入的溶液一般不要超过滤纸的 2/3，以免少量沉淀因毛细管作用越过滤纸上缘，而造成损失，且不便洗涤，如附图 10-25（b）所示。倾注法如一次不能将清液倾注完时，应待烧杯中沉淀下沉后再次倾注。

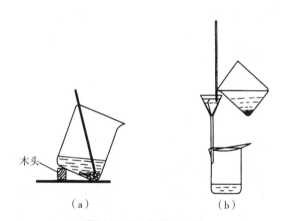

木头

（a）  （b）

附图 10-25  倾注法过滤

暂停倾注溶液时，烧杯应沿玻璃棒使其嘴向上提起至烧杯直立，以免烧杯嘴上的液滴流失。放在烧杯中的玻璃棒不要靠在烧杯嘴上，避免将沉淀沾在玻璃棒上部而损失。

清液完全转移后，应对烧杯中的沉淀作初步洗涤：用洗瓶向烧杯四周内壁喷淋约 10mL 洗涤液，使黏附着的沉淀集中在烧杯底部，洗涤液同样用倾注法过滤。如此洗涤 3～4 次杯内沉淀。

沉淀经初步洗涤后，加少量洗涤液，搅动并立即将沉淀和洗涤液一起，通过玻璃棒转移至滤纸上。再加入少量洗涤液于烧杯中，搅动、转移，如此重复几次。烧杯中残余的沉淀，可按附图 10-26（a）所示的吹洗方法将沉淀吹洗至漏斗中。即用左手拿住烧杯的同时，让烧杯嘴向着漏斗，右手把玻璃棒从烧杯中取出横在烧杯口上，使玻璃棒伸出烧杯嘴 2～3cm。然后，用左手食指按住玻璃棒的较高位置，倾斜烧杯使玻璃棒下端指向滤纸三层一边，用右手以洗瓶吹洗整个烧杯壁，使洗涤液和沉淀沿玻璃棒流入漏斗中。如果仍有少量沉淀黏附在烧杯壁上吹洗不下来时，可使用沉淀帚〔一端带橡皮的玻璃棒，如附图 10-26（b）〕将沉淀集中在烧杯底部。再按附图 10-26（a）操作将沉淀洗入漏斗中；也可用前面折叠滤纸时撕下的滤纸角，来擦拭玻璃棒和烧杯内壁，将此滤纸角放在漏斗的沉淀上。

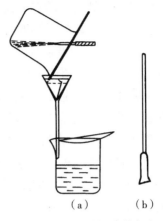

（a）　　　　（b）

附图 10-26　吹洗沉淀的方法

　　经吹洗、擦拭后的烧杯内壁，应在明亮处仔细检查是否吹洗、擦拭干净，包括玻璃棒、表面皿、沉淀和烧杯内壁在内，都要认真检查，以保证沉淀转移完全。

　　必须指出，过滤开始后，应随时检查滤液是否透明，如不透明，说明有穿滤。这时必须换另一洁净烧杯承接滤液，在原漏斗上将穿滤的滤液进行第二次过滤。如发现滤纸穿孔，则应更换滤纸重新过滤。若对沉淀进行质量分析，第一次用过的滤纸应保留。

　　⑤沉淀的洗涤　沉淀全部转移到滤纸上后，应进行洗涤。其目的在于将沉淀表面所吸附的杂质和残留的母液除去，方法如附图 10-27 所示。每次螺旋形往下洗涤时，用洗涤剂量要少，便于尽快沥干，沥干后，再行洗涤。如此反复多次，直至沉淀洗净为止。

　　选用什么洗涤剂洗涤沉淀，应根据沉淀的性质、收集固相沉淀还是收集滤液而定。收集

附图 10-27　漏斗中沉淀的洗涤

固相沉淀时：对于晶形沉淀，可用冷的稀沉淀剂洗涤，因为这时存在同离子效应，可使沉淀尽量减少溶解。但是，如沉淀剂为不易挥发的物质，则只有用 $H_2O$ 或其他溶剂来洗涤。对非晶形沉淀，需用热的电解质溶液为洗涤剂，以防止产生胶溶现象，多数采用易挥发的铵盐溶液作为洗涤剂。对于溶解度较大的沉淀，可采用沉淀剂加有机溶剂来洗涤，以降低沉淀的溶

解度。

如果过滤的目的在于收集滤液，洗涤时就应该考虑既要尽量完全地得到所需的溶质，又要尽量少地引入其他杂质。

（2）用微孔玻璃漏斗（或微孔玻璃坩埚）过滤　凡是烘干后即可称量的沉淀可用微孔玻璃漏斗（或微孔玻璃坩埚）过滤。微孔玻璃漏斗和微孔玻璃坩埚如附图 10-28（a）和附图 10-28（b）所示。

（a）微孔玻璃漏斗　　（b）微孔玻璃坩埚

附图 10-28　微孔玻璃漏斗和微孔玻璃坩埚

此种过滤器的滤板是用玻璃粉末经高温熔结而成。按照微孔的孔径，由大到小分为六级：G1～G6（或称 1～6号）。1 号的孔径最大（80～12μm），6 号孔径最小（2μm 以下）。在定量分析中，一般用 G3～G5 规格（相当于慢速滤纸）过滤细晶形沉淀。使用此类滤器时，需用抽气法过滤。

不能用微孔玻璃漏斗或微孔玻璃坩埚过滤强碱性溶液，因它会损坏滤板的微孔。

①漏斗的准备　漏斗使用前，先用 HCl（或 HNO$_3$）处理，然后用 H$_2$O洗净。清洗可在抽滤装置上进行。

②过滤　将已洗净（质量分析需烘干恒重）的微孔玻璃漏斗（或坩埚），装入抽滤瓶的橡皮垫圈中，接橡皮管于抽水泵上，在抽滤下，用倾注法过滤，其余操作与用滤纸过滤时相同，不同之处是在抽滤下进行。

**2. 减压过滤**

减压过滤也称吸滤或抽滤，其装置如附图 10-29 所示。真空泵带走空气让吸滤瓶中压力低于大气压，从而提高过滤速度。在真空泵和吸滤瓶之间往往安装安全瓶防止因关闭水阀或水流量突然变小时自来水倒吸入吸滤瓶。

停止抽滤或需用溶剂洗涤晶体时，先将吸滤瓶侧管上的橡皮管拔开，或将安全瓶的活塞打开与大气相通，再关闭真空泵，以免 H$_2$O 倒流入吸滤瓶内。

减压过滤漏斗的下端斜口应正对吸滤瓶的侧管。使

附图 10-29　吸滤装置

用布氏漏斗时，滤纸要比漏斗内径略小，但必须全部覆盖漏斗的小孔；滤纸不能大，否则边缘会贴到漏斗壁上，使部分溶液沿漏斗壁

不经过滤直接漏入吸滤瓶中。抽滤前需用溶剂将滤纸润湿，抽气并使滤纸紧贴滤板，然后再向漏斗内转移溶液。

分离晶体与母液，常用布氏漏斗。吸滤过程中，为了更好地将晶体与母液分开，可用清洁的玻璃塞将晶体在布氏漏斗上挤压。结晶表面残留的母液，可用很少量的溶剂洗涤，这时抽气应暂时停止。把少量溶剂均匀地洒在漏斗内的滤饼上，使全部结晶刚好被溶剂覆盖，用玻璃棒或不锈钢刀搅松晶体（勿把滤纸捅破），使晶体润湿，稍后压实，再抽气把溶剂抽干。如此重复两次，就可把滤饼洗涤干净。从漏斗上取出结晶时，为了不使滤纸纤维附于晶体上，常与滤纸一起取出，待干燥后，用刮刀轻敲滤纸，结晶即全部脱落。过滤少量的晶体，可用微型吸滤装置。

**3. 热过滤**

在对浓溶液和热溶液进行过滤时，为了不使溶质在过滤时析出而留在滤纸上，就要使用热过滤。

热过滤装置如附图 10-30 所示，热过滤的方法有以下几种：

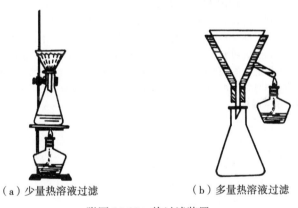

（a）少量热溶液过滤　　　　（b）多量热溶液过滤

附图 10-30　热过滤装置

（1）少量热溶液的过滤，可选一颈短而粗的玻璃漏斗放在烘箱中预热后使用。在漏斗中放一折叠滤纸（附图 10-31），用热的溶剂润湿后，即刻倒入溶液（不要直冲滤纸底部），用表面皿盖好漏斗，以减少溶剂挥发。装置见附图 10-30（a）。

（2）如过滤的溶液量较多，则应选择保温漏斗。保温漏斗是由金属套内安装一个长颈玻璃漏斗而组成的，见附图 10-30（b）。使用时将热水（通常是沸水）倒入玻璃漏斗与金属套的夹层内，加热侧管（如溶剂易燃，过滤前务必将火熄灭）。漏斗中放入折叠滤纸，用少量热溶剂润湿滤纸，立即把热溶液分批倒入漏斗，不要倒得太满，也不要等滤完再倒，未倒的溶液和保温漏斗用小火加热保持微沸。热过滤时一般不要用玻璃棒引流，以免加速降温；接受滤液的容器内壁不要贴紧漏斗颈，以免滤液迅速冷却析出的晶体沿器壁向上堆积而堵塞漏斗下口。若操作顺利，只会有少量结晶在滤纸上析出，可用少量热溶剂洗下。若结晶较多，可将滤纸取出，用刮刀刮回原来的瓶中，重新进行热过滤。滤毕，将溶液加盖放置，自然冷却。

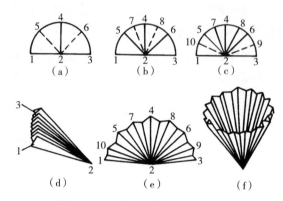

附图 10-31　热过滤的滤纸折叠方法

（a）将滤纸折成半圆形，再对折成圆形的四分之一，以 1 对 4 折出 5，3 对 4 折出 6

（b）1 对 6 和 3 对 5 分别再折叠出 7 和 8　　（c）然后以 3 对 6、1 对 5 分别拆出 9 和 10

（d）最后在 1 和 10、10 和 5、5 和 7、……、9 和 3 间各反向折叠，稍压紧呈折扇状

（e）打开滤纸，在 1 和 3 处各向内折叠一个小折面　　（f）折叠完成的滤纸

注意折叠时，滤纸心处不可折得太重，因为该处最易破漏。使用时将折好的滤纸打开后翻转，放入漏斗

段若溪，姚渝丽，2002. 农业气象实习指导［M］. 北京：气象出版社.

李保明，施正香，2005. 设施农业工程工艺及建筑设计［M］. 北京：中国农业出版社.

李震钟，1993. 家畜环境卫生学附牧场设计［M］. 北京：中国农业出版社.

刘凤华，2021. 家畜环境卫生学［M］. 北京：中国农业大学出版社.

刘继军，2016. 家畜环境卫生学实验指导［M］. 北京：中国农业出版社.

刘继军，贾永全，2008. 畜牧场规划设计［M］. 北京：中国农业出版社.

鲁琳，刘凤华，颜培实，2005. 家畜环境卫生学实验指导［M］. 北京：中国农业出版社.

聂麦茜，2003. 环境监测与分析实践教程［M］. 北京：化学工业出版社.

蒲德伦，朱海生，2015. 家畜环境卫生学及牧场设计［M］. 重庆：西南师范大学出版社.

王新谋，1989. 家畜环境卫生学［M］. 北京：农业出版社.

吴同华，2003. 环境监测技术实习［M］. 北京：化学工业出版社.

吴中标，2003. 环境监测［M］. 北京：化学工业出版社.

颜培实，李如治，2016. 家畜环境卫生学［M］. 4 版. 北京：高等教育出版社.

俞美子，赵希彦，2021. 畜牧场规划与设计［M］. 北京：化学工业出版社.

图书在版编目（CIP）数据

家畜环境卫生学实训指导 / 杨恕玲，李虹编著 .
北京：中国农业出版社，2024. 7. -- ISBN 978-7-109
-32363-6

Ⅰ. S851.2

中国国家版本馆 CIP 数据核字第 20240K7D61 号

JIACHU HUANJING WEISHENGXUE SHIXUN ZHIDAO
家畜环境卫生学实训指导

中国农业出版社出版

地址：北京市朝阳区麦子店街 18 号楼
邮编：100125
责任编辑：肖　邦
版式设计：王　晨　　责任校对：吴丽婷
印刷：北京通州皇家印刷厂
版次：2024 年 7 月第 1 版
印次：2024 年 7 月北京第 1 次印刷
发行：新华书店北京发行所
开本：700mm×1000mm　1/16
印张：9.5
字数：180 千字
定价：80.00 元（附赠品）

# JIACHU HUANGJING WEISHENGXUE
## SHIXUN ZHIDAO

封面设计：田　雨

ISBN 978-7-109-32363-6

☞ 欢迎登录中国农业出版社网站：http://www.ccap.com.cn

☎ 欢迎拨打中国农业出版社读者服务部热线：010-59194918，65083260

🛒 购书敬请关注中国农业出版社
天猫旗舰店：

中国农业出版社
官方微信号

9 787109 323636 >

定价：80.00元

# 家畜环境卫生学

# 学生实训技能配套报告册

年　　级：

姓　　名：

学　　号：

组　　别：

指导教师：

# 第一部分 温热因素的测定

| 组别 | | 组长 | | 测定日期 | |
|---|---|---|---|---|---|
| 成员 | | | | | |
| 所用仪器 | | | | | |
| 畜牧场名称 | | | | | |
| 畜牧场地址 | | | | | |
| 畜牧场性质、规模等 | | | | | |

基础数据汇总表

| | | 温度 | 湿度 | 气流 | 气压 |
|---|---|---|---|---|---|
| 第一组数据 | 时间 | | | | |
| | 地点 | | | | |
| | 数据 | | | | |
| 第二组数据 | 时间 | | | | |
| | 地点 | | | | |
| | 数据 | | | | |
| 第三组数据 | 时间 | | | | |
| | 地点 | | | | |
| | 数据 | | | | |
| 其他补充 | | | | | |
| 数据分析 | | | | | |

风向玫瑰图的绘制

**表 1　风向资料（单位：次）**

| 风向 | 北 | 东北 | 东 | 东南 | 南 | 西南 | 西 | 西北 | 静风 |
|------|-----|------|-----|------|-----|------|-----|------|------|
| 春季 | 17 | 10 | 8 | 22 | 10 | 8 | 12 | 9 | 5 |

1. 计算

2. 手工绘制风向玫瑰图

3. 利用 Excel 绘制的风向玫瑰图

打印出来粘贴在此处

## 第二部分　畜舍采光性能和噪声的测定

| 组别 | | | 组长 | | 测定时间 | |
|---|---|---|---|---|---|---|
| 成员 | | | | | | |
| 所用仪器 | | | | | | |
| （畜牧场）名称 | | | | | | |
| （畜牧场）地址 | | | | | | |
| （畜牧场）性质、规模等 | | | | | | |

基础数据汇总表

| | | 辐射热 | 照度 | 采光系数 | 入射角 | 透光角 | 噪声 |
|---|---|---|---|---|---|---|---|
| 第一组 | 时间 | | | | | | |
| | 地点 | | | | | | |
| | 数据 | | | | | | |
| 第二组 | 时间 | | | | | | |
| | 地点 | | | | | | |
| | 数据 | | | | | | |
| 第三组 | 时间 | | | | | | |
| | 地点 | | | | | | |
| | 数据 | | | | | | |
| 其他补充 | | | | | | | |

# 采光系数、入射角和透光角的计算过程

1. 请在图中标注出入射角和透光角

2. 测定数据的处理（采光系数、入射角、透光角）

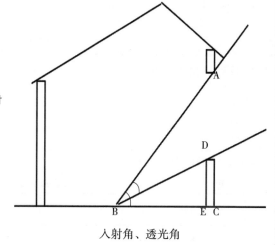

入射角、透光角

3. 结果计算（采光系数、入射角、透光角）

4. 数据分析（假设对照射位置没有要求，分析采光系数、入射角、透光角是否满足采光设计要求）

# 第三部分　空气质量的测定

| 组别 | | 小组成员 | |
|---|---|---|---|
| 测定时间 | | 测定地点 | |

测定数据汇总

3-1　畜舍空气中氨的测定

| 仪器 | |
|---|---|
| 原理 | |

1. 数据：将实验数据填入下表

**实验数据表**

| 波长 | 管号 | 1 | 2 | 3 | 4 | 5 | 6 | 样品 |
|---|---|---|---|---|---|---|---|---|
| | 吸光度 | | | | | | | |

2. 结果计算

┌─────────────────────┐<br>
│　　　　　　　　　　　│<br>
│　　　标准曲线粘贴处　│<br>
│　　　　　　　　　　　│<br>
└─────────────────────┘

3. 分析是否满足畜舍的要求（分别列出鸡、猪、牛、羊舍的相关标准）

| 3-2 畜舍空气中硫化氢的测定 |  |
|---|---|
| 仪器 |  |
| 原理 |  |

1. 实验数据：将实验数据填入下表

### 实验数据表

| 管号 | 测定波长 | 1 | 2 | 3 | 4 | 5 | 6 | 样品 |
|---|---|---|---|---|---|---|---|---|
| 吸光度 |  |  |  |  |  |  |  |  |

2. 结果计算

标准曲线粘贴处

3. 分析是否满足畜舍的要求（分别列出鸡、猪、牛、羊舍的相关标准）

| 3-3 畜舍空气中二氧化碳的测定 | |
|---|---|
| 仪器 | |
| 原理 | |

1. 实验数据

2. 结果计算

3. 分析是否满足畜舍的要求（分别列出鸡、猪、牛、羊舍的相关标准）

3-4　畜舍通风换气量计算

　　实例 1：在一栋容纳 80 头妊娠 4 个月的母猪舍中，体重 100kg 的母猪有 30 头，体重 150kg 的母猪有 20 头，体重 200kg 的母猪有 30 头。猪舍的尺寸为：长 52.0m，宽 9.7m，高 2.2m。按 $CO_2$ 含量计算其通风量及通风换气次数实例 2：一栋可容 120 头乳牛的牛舍内，有 40 头乳牛平均体重为 300kg，平均日产乳 10L；50 头乳牛平均体重为 400kg，平均日产乳 10L；30 头乳牛平均体重为 500kg，平均日产乳 5L。牛舍尺寸为：长 69m，宽 9.9m，天棚高度为 3m。舍内温度保持 10℃时，相对湿度不超过 75％，1 月舍外平均气温为－5℃，水汽压为 2.4hPa。计算其通风量及通风换气次数

# 第四部分　水质检验

4-1　水样的采集

| 水样采集时间 | | 水样采集地点 | |
|---|---|---|---|

按照实训指导的附录九，完成下表

## 常用检测指标水样的保存方法

| 检测项目 | 保存方法 |
|---|---|
| pH | |
| 总硬度 | |
| 氯化物 | |
| 氨氮、硝酸盐氮 | |
| 亚硝酸盐氮 | |
| 化学耗氧量 | |
| 生化需氧量 | |
| 余氯 | |
| 氟化物 | |
| 砷 | |
| 六价铬 | |

4-2　水样的酸碱度测定

| 水样外观 | | 水样 pH | |
|---|---|---|---|

4-3　总硬度的测定

1. 原理

2. 实验数据（最后换算成"度"）

3. 本次测的水样属于_____水

4-4　化学耗氧量的测定

1. 原理

2. 实验数据

3. 结果计算

4-5　五日生化需氧量的测定

1. 原理

2. 实验数据

3. 结果计算

4-6  溶解氧的测定

1. 原理

2. 实验数据

3. 结果计算

4-7  氨氮的测定

1. 原理

2. 实验数据

3. 结果计算

4-8 亚硝酸盐氮的测定

1. 原理

2. 实验数据

3. 结果计算

4-9 硝酸盐氮的测定

1. 原理

2. 实验数据

3. 结果计算

4-10 氯化物的测定

1. 原理

2. 实验数据

3. 结果计算

4-11 氟化物的测定

1. 原理

2. 实验数据

3. 结果计算

标准曲线粘贴处

4－12　余氯的测定

1. 原理

2. 实验数据

3. 结果计算

# 第五部分　水的细菌学检验

5-1　细菌总数的测定

1. 原理

2. 实验数据及图片

5-2　总大肠菌群的测定

1. 原理

2. 实验数据

# 第六部分 畜牧场规划与设计

| 6-1 畜牧场场址选择、规划及环境卫生调查 | | | | | | |
|---|---|---|---|---|---|---|
| 畜牧场名称 | | | | | | |
| 家畜种类 | | 数量 | | 规模 | | |
| 地理位置 | | 占地面积 | | 建筑面积 | | |
| 地形 | | 地势 | | 海拔 | | |
| 水源 | | 土质 | | 植被情况 | | |
| 气候 | | 当地主风向 | | | | |
| 距离公路 | | 是否远离居民区 | | 交通情况 | | |
| 立地情况 | | | | | | |
| 牧场大门朝向 | | 独立通向牧场道路 | | 车辆消毒 | | |
| 消毒室 | | 消毒设施 | | | | |
| 功能区及分布 | | | | | | |
| 畜舍排列形式 | | 距饲料库 | | 畜舍间距 | | |
| 距产品加工间 | | 距兽医室 | | 距贮粪场 | | |
| 畜舍（以牛为例） | 泌乳牛舍 | 类型 | | 屋顶形式 | 有无天棚 | |
| | | 位置 | | | | |
| | | 饲养 | 种类 | 数量 | 日龄 | |
| | | 畜舍 | 长度 | 宽度 | 面积 | |
| | | 窗户 | 有无窗户 | 数量 | 尺寸 | |
| | | 门 | 有无门 | 宽度 | 高度 | |
| | | 畜栏 | 长度 | 高度 | 畜栏材质 | |
| | | 卧床 | 长度 | 宽度 | 运动场 | |
| | | 清粪 | 方式 | 频率 | | |
| | | 温度 | | 湿度 | 风向 | 风速 |
| | | 氨气 | | 硫化氢 | 臭味 | 照度 |
| | | 卫生情况 | | | | |
| | | 优缺点 | | | | |

| 畜舍（以牛为例） | 育成牛舍 | 类型 | | | 屋顶形式 | | | |
|---|---|---|---|---|---|---|---|---|
| | | 位置 | | | | | | |
| | | 设备 | | | | | | |
| | | 饲养 | 种类 | | 头数 | | 日龄 | |
| | | 畜舍 | 长度 | | 宽度 | | 面积 | |
| | | 窗户 | 有无窗户 | | 数量 | | 尺寸 | |
| | | 门 | 有无门 | | 宽度 | | 高度 | |
| | | 畜栏 | 长度 | | 高度 | | 畜栏材质 | |
| | | 卧床 | 长度 | | 宽度 | | 运动场 | |
| | | 清粪 | 方式 | | 频率 | | 卫生情况 | |
| | | 温度 | | 湿度 | | 风向 | 风速 | |
| | | 氨气 | | 硫化氢 | | 臭味 | 照度 | |
| | | 优缺点 | | | | | | |
| | 犊牛舍 | 形式 | | | 位置 | | | |
| | | 设备 | | | | | | |
| | | 日龄 | | 数量 | | 材质 | | |
| | | 长度 | | 宽度 | | 高度 | | |
| | | 面积 | | 温度 | | 湿度 | | |
| | | 风向及风速 | | 照度 | | 臭味 | | |
| | | 氨气 | | 硫化氢 | | | | |
| | | 卫生情况 | | | | | | |
| | | 优缺点 | | | | | | |
| 运动场 | | 带有运动场的牛舍有 | | | | | | |
| | | 长度 | | 宽度 | | 面积 | 土质 | |
| | | 围栏高度 | | 有无凉棚 | | 卫生情况 | | |
| | | 温度 | | 湿度 | | 风向及风速 | 照度 | |

| 通道情况 | （净道、污道、牧道情况） | | | |
|---|---|---|---|---|
| 通风设备 | 进风（管）口个数 | | 每个面积 | |
| 防暑设施 | | | | |
| 防寒设施 | | | | |
| 绿化情况 | | | | |
| 整体卫生状况 | | | | |
| 综合评价 | （现场记录要点） | | | |
| 需要改进之处 | （现场记录要点） | | | |

调查者：＿＿＿＿＿＿＿＿＿＿＿

调查日期：＿＿＿＿＿＿＿＿＿＿

# _____场平面规划及环境卫生调查报告

6-2　畜牧场总平面图绘制

_____平面图

6-3　生态牧场规划与设计

1. ＿＿＿＿＿＿＿＿＿＿＿＿＿＿＿＿＿规划书

2. _____生态畜牧场规划图纸

# 第七部分　实习心得